KB271325

산이
아이들을
살린다

디지털 세상에서 찾은 등산교육의 작은 기적

산이 아이들을 살린다

초판 1쇄 발행 2014년 4월 25일

지은이 김선미

디자인 김진디자인

펴낸이 민혜영
펴낸곳 카시오페아
주소 경기도 안양시 동안구 임곡로 43, 111-203 (비산동, 그린빌주공아파트)
전화 070-4233-6533
팩스 070-4156-6533
홈페이지 www.cassiopeiabook.com
전자우편 cassiopeiabook@gmail.com
출판등록 2012년 12월 27일 제385-2012-000069호

김선미 © 2014
ISBN 979-11-950125-6-5 13590

이 도서의 국립중앙도서관 출판시도서목록(CIP)은 서지정보유통지원시스템 홈페이지(http://seoji.nl.go.kr)와
국가자료공동목록시스템(http://www.nl.go.kr/kolisnet)에서 이용하실 수 있습니다.
(CIP제어번호 : CIP2014011214)

디지털 세상에서 찾은 등산교육의 작은 기적

산이 아이들을 살린다

김선미 지음

카시오페아
Cassiopeia

산은 학교다

산에서는 아이들 얼굴이 새삼 예뻐 보입니다. 골짜기를 서너 시간쯤 올라가 능선 위에서 한숨 돌리고 난 뒤의 얼굴은 빛나기까지 합니다. 그때 아이들은 다소 지친 기색이 있어도 온몸에 생기가 돌아 꽃처럼 보얗게 피어납니다. 아이들은 그렇게 자기가 꽃인지도 모르고 피어납니다. 개교 이래 한 해도 거르지 않고 지리산 종주를 해오고 있는 우리 학교 아이들은 그렇습니다.

벌써 17년째 전교생과 선생님들 모두가 참여해 해마다 2박3일, 우리는 지리산이라는 가장 높고도 넓은 학교로 떠납니다. 거기 가면 스스로 주인공이 되는 아이들 모습을 볼 수도 있습니다. 한 걸음 한 걸음, 모든 들숨날숨을 온전히 자기 것으로 만들면서 아이들은 '학교보다 큰 배움'에서 주체가 됩니다.

지리산의 수많은 산행코스 가운데 예닐곱 개를 교사가 제시하고, 자기 몸에 맞는 코스를 아이들이 선택해서 모둠을 이룹니다. 많은 준비과정을 거쳐 산행은 시작됩니다. 산행코스 한 곳마다 아이들은 학년을 섞어 두세 개의 모둠, 선생님은 두세 명이 배치됩니다. 이미 두 번의 종주 경험이 있는 3학년들이 각 모둠의 모둠장이 되어 후배들을 이끌고, 선생님들은 아이들의 뒤에서 멀찍이 따라갑니다. 밥도 따로 해먹습니다. 위급한 상황이 아니고는 아이들에게 모든 걸 맡겨둡니다. 아이들은 뒤따라오는 선생님들을 믿고, 선생님들은 앞서 가는 아이들을 믿고 가는 겁니다. 산행은 어느 누가 대신해줄 수 있는 게 아니라는 사실을 모두 알고 있습니다.

아이들은 산길을 걷는 동안 투덜대기도 합니다. 힘든 걸 모두 입으로 뱉어내는 것이지요. 어느 때는 힘이 솟아나서 새들보다 더 신나게 재잘거리기도 합니다. 그러다 어느 순간 침묵이 오고, 이어서 자기 속을 드러내는 한 마디를 던지기도 합니다. "아, 진짜 좋다!" 선배들은 1학년에게 무심한 척 말하기도 합니다. "내리막이라고 좋아하지 마, 내려온 만큼 올라가야 되는 거야." 거기에 한 술 더 떠서 앞장 서 가던 어떤 아이는 내리막을 만나면 '올라가자', 오르막을 오를 때면 '내려가자'라고도 합니다. 내리막이 끝나면 곧 오르막일 테고, 오르막이 끝나면 곧 내리막일 테니 이 얼마나 적절한 말인지 모릅니다.

산에 다녀온 뒤에 아이들의 글을 받아보면 가장 많이 얘기하는 것이 같이 밥을 해먹던 즐거움과 선배, 친구들에 대한 고마움입니다. 함께였기 때문에 끝까지 해낼 수 있었다는 말들은 그저 빈말로 들리지 않습니다. 왜 산에 가야 돼요? 묻던 1학년들이 스스로 답을 찾고, 2학년만 되면 후배들에게 왜 산에 가는지 몸으로 대답해줄 수 있게 됩니다.

이런 경험 때문인지 졸업한 뒤에도 지리산을 찾는 아이들이 종종 있습니다. 군대 가기 전 마음을 정리하기 위해, 새로운 어떤 일을 시작하기 전 마음을 다잡기 위해, 학교 다닐 때는 그다지 좋아하지 않던 아이도, 산행을 힘들어하던 여자 아이들도, 졸업하고 만난 낯선 친구들을 이끌고 지리산 종주를 하러 오기도 합니다. 그런 졸업생들에게 학교는 기꺼이 베이스캠프가 되어줍니다. 이 땅의 모든 학교가 아이들 삶의 베이스캠프가 돼줄 수 있으면 얼마나 좋을까요.

어쩌면 우리 학교 지리산 종주 얘기가 특별하게 들릴지 모르겠습니다. 대학입시가 코앞에 닥친 3학년까지 데리고, 제 덩치만한 배낭을 메고, 하루 내내 걸어도 3일이나 걸리는 그 험한 산에 가다니 무모한 학교라고 생각할지도 모르겠습니다. 하지만 우리는 학교라는 좁은 틀 안에 갇히는 것을 염려했을 뿐입니다. 학교 밖에서 체험활동을 통해 아이들 스스로 배울 수 있는 기회를 제공하고 싶었을 뿐이었습니다. 교육의 목표가 상급학교 진학에만 있지 않다는 상식만 있으면 충분히 가능한 일이었습니다. 그래야 아이들은 본래 모습을 찾고, 교사들은 그런 아이들을 보면서 기쁨을 되찾게 될 것이라 믿었습니다.

이러한 우리 생각이 틀리지 않았음을 이 책은 증명해주고 있습니다. 필자가 펼쳐 보이는 등산 교육의 확고한 철학은 우리가 다소 부족했던 등산 교육의 이론적 토대를 세우는데 큰 도움을 줄 것이라는 생각도 듭니다. '등산' 교육에만 그치지 않고 교육의 본질에 대해 고민하는 모든 사람에게 영감을 줄 수 있는 '교육' 지침서로서 손색이 없다는 확신이 들기도 했습니다. 필자는 한 마디로 "모든 교육의 핵심은 인생이란 광활한 지도 위에서 스스로 길 찾기를 가르치는 일"이라고 말합니다. 풍부한 경험과 사례들을 제시하는 가운데 나온 말이라 그 어떤 교육 전문가의 이론보다 절실하게 들립니다.

또한 이 책에서 빼놓을 수 없는 미덕은 읽기 쉽고 재미있고, 곧바로 실천 가능한 방법을 친절히 알려주고 있다는 점입니다. 책을 읽고 나면 산행 초보자는 물론, 어린 아이를 동반하려는 부모도 자신감을 가질 수 있을 것입니다. 이는 두 딸의 엄마로 아이들을 키우면서 틈날 때마다 야영과 산행을 함께 했고, 산악 잡지 기자 출신으로 전문적인 식견까지 겸비한 필자의 역량이 잘 발휘되었기 때문이라고 생각합니다.

이 책을 읽고 많은 부모와 아이들이 산에 갈 용기를 내면 좋겠습니다. 산에 가서 한 걸음 한 걸음 디딜 때마다 자기가 주인공이 되는 기쁨을 맛볼 수 있으면 얼마나 좋을까요. 그리고 필자가 들려주는 특별한 이 말이 모든 부모 가슴에 새겨지는 날이 하루라도 빨리 찾아오면 좋겠습니다.

> 산에서 아이들에게 속도를 맞추는 일은 자식에 대해 가졌던 인내와 기다림의 여유를 되찾게 해줄 것이다. 아기의 걸음마를 응원하던 시절 우리는 얼마나 관대한 부모였던가 생각해 보면 된다.

남호섭 (시인, 산청 간디고등학교 교장)

지금 여기,
산이라는 비상구가 있다

"왜 공부하기도 바쁜 아이를 산에 데리고 가야할까. 산은 때로 위험하고 오르는 데도 힘이 드는데…"

사람들이 종종 이렇게 묻는다. 등산 인구가 폭발적으로 늘어났지만 많은 이들에게 등산은 여전히 불편하고 힘든 일로 여겨진다.

나는 서머힐Summer Hill을 만든 영국의 교육사상가 A.S 니일의 이야기에서 나름의 답을 찾았다.

오늘날 '안전제일'이라는 기준이 수많은 사람들을 불행하게 만들고 있다. 우리는 연금지급기일이 되기 전에 죽을 수도 있다. 안전은 너무 비싼 값을 치러야 한다. 내일을 지나치게 격정하지 말고 인생을 충만하게 그리고 행복하게 살아 나가야 한다. 부모가 그 자신의 노년뿐만 아니라 자녀의 노년까지도

걱정한다면, 부모도 그 자녀도 환희와 용기를 갖고 인생을 충
만하게 누리지 못한다.

우리는 '인생이 장미꽃을 뿌려놓은 탄탄대로'가 아니라는 것을 잘 알고 있
으면서도 자식 앞에 잘 닦인 고속도로를 놓아주고 싶어 한다. 편안한 길 위
에서 내비게이션이 시키는 대로만 따라가는 삶을 '스마트'하다고 생각하면서.

하지만 부모가 안전하다고 믿는 길 위에서 과연 아이들은 행복하기만 할
까. 나는 거칠고 힘든 길이지만 수고로운 땀과 다리품이 필요한 산마루에 오
히려 새로운 가능성이 있다고 믿는다.

이 책은 등산을 싫어하는 아빠들도 기꺼이 아이들과 함께 산으로 갈 엄두
가 나도록 도와줄 방법이 없을까 고민하던, 한 엄마의 소박한 바람으로부터
출발했다. 하지만 무조건 등산을 예찬하며 아빠들을 산길로 등 떠밀고 싶지
는 않다. 오히려 생활에 발목이 잡혀 지쳐있는 가장에게 등산육아라는 새로
운 숙제가 생기지 않을까 염려하는 마음이 글발을 가로막곤 했다. 그러나 근
본적으로 산을 깊이 만나보라고 권하는 일에 대해 크게 걱정하지 않는다.

산은 부모와 아이가 '함께' 즐기며 성장하는 곳이다. 등산교육은 일방적으
로 아이에게 가르치는 것이 아니라 부모 역시 크고 작은 실패와 경험으로부
터 자신을 돌아보게 만든다. 등산은 오직 자기 힘으로 땀 흘린 만큼 오를 수
있는, 정직한 몸의 철학이기 때문이다. 그렇지만 정작 우리 몸으로 오른 것

은 높은 산이 아니라 정신의 고도高度임을 깨닫게 된다.

이 책에 소개한, 오랜 시간 아이들과 함께 산길을 걸었던 선배들의 경험은 스스럼없이 젊은 부모들께 권할 수 있다. 지리산이라는 광활한 교정에서 아이들과 함께 배우며 성장하는 시인이자 간디고등학교 교장인 남호섭 선생님, 산에서처럼 마음을 열면 학교에 '문제아는 없다'는 신념으로 꾸준히 등산 교육을 실천해온 경기도 여주 상품중학교의 전완근 선생님, 아이들과 두 번이나 히말라야 트레킹까지 다녀 온 열성적인 아빠 이치상 씨와 아이 덕분에 비로소 낮은 산들의 아름다움을 배우게 된 엄마 정수정 씨, 그리고 지난 30여 년간 산에서만 만 5천여 명의 제자를 배출한 코오롱등산학교 이용대 교장 선생님. 앞서 산에서 배우고 깨우친 수많은 선배들의 걸음걸음이 길을 제시해주었다. 그들 모두가 산에서 자기 인생의 작은 기적을 이룩한 사람들이다.

어른이 된 다음에 읽은 동화책《나의 산에서》가 있다. 어디론가 도망가서 홀로 살아보고 싶다는, 어린 시절 누구나 한번쯤 꿈꾸어 보는 일을 실행에 옮긴 소년의 모험이야기다. 초여름에 집을 떠나 산으로 간 아들을 크리스마스 무렵 겨우 만난 아버지는 이렇게 말한다.

"…나는 해돋이에서 해넘이까지 일만 했지 이렇게 멋지게 지내는 것은 처음이야!"

오래된 솔송나무 속을 파내 만든 아들의 '집나무'에서 함께 하룻밤을 보내고 일어난 날 아침이었다. 아버지는 모닥불을 지펴 손수 잡은 연어를 굽고 도토리 팬케이크를 만들어 아침식사를 준비하고 있는 아들에게 고백한다.

아버지가 잃어버렸던 꿈을 되찾게 되었다고.

평범한 아이가 산으로 가서 스스로 잠자리를 만들고 불을 피우고 사냥을 하면서 멋지게 성장하는 것은 동화 속에서나 가능한 일일지 모른다. 작가인 진 크레이그헤드 조지는 "어린이들이 도시보다는 차라리 숲으로 도망가는 게 낫지 않겠냐"고 물으면서 꿈같은 이야기를 시작한다.

《나의 산에서》는 1959년 봄 미국에서 출간 된 동화지만, 지금 디지털 시대를 사는 우리 아이들을 바라보는 내 생각도 이것과 다르지 않다. 학교와 학원을 쳇바퀴 돌며 무한경쟁에 지친 아이들이 스마트폰과 컴퓨터 게임 속으로 숨는 것보다, 할 수만 있다면 숲으로 숨어든 게 훨씬 낫다고. 대신 부모가 먼저 산으로 가는 비상구를 활짝 열어주면 좋겠다. 현실에서 희망과 용기를 잃은 사람들에게도 산은 또 다른 '나'를 만나게 해주기 때문이다. 그러려면 자연을 깊이 만나는 곳에 진짜 삶이 있다는 사실을 부모가 먼저 깨달아야 한다.

산으로 가는 문을 두드린 것은 엄마와 아빠지만 산에서 배우고 성장하는 일은 온전히 아이들의 몫이다. 자기 힘으로 한 발 한 발 높은 곳으로 걸어 올라갔던 많은 사람들이 스스로 작은 기적을 만들었던 것처럼 아이들도 자랄 것이다. 그렇게 산이 우리 아이들을 살린다.

김선미

차례

첫 번째 지금 왜 아이들에게 산이 필요한가

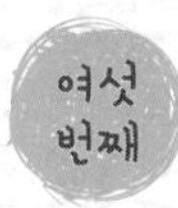

안전하고 즐거운 등산을 위해 도움될 만한 것들

여섯 번째

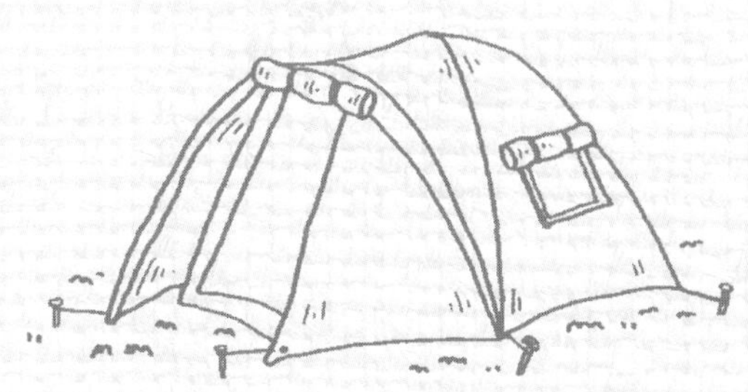

지금 왜 아이들에게
산이 필요한가

아이들을 자연으로 내보내라
언덕 위와 들에서 아이들을 가르치라.
그곳에서 아이들은 더욱 좋은 소리를 들을 것이고,
그때 가진 자유의 느낌은 아이들에게
어려움을 극복할 수 있는 힘을 줄 것이다.

●페스탈로치●

어린 시절 뒷동산을
가진 아이의 힘

우리의 어린 시절 어느 마을에나 크고 작은 뒷동산이 있었다. 풍수를 중요하게 생각하던 조상들은 언제나 산을 등지고 마을을 만들었기 때문이다. 사람이 살만한 곳 어디든 병풍이나 울타리처럼 마을을 감싸는 산이 있었고, 대부분 그런 산줄기들을 보면서 자랐다. 바닷가 아이들 등 뒤에도 산이 있었다. 뒷동산에는 양지바른 무덤이 있고, 학교에 들어가면 배우는 교가에도 마을의 산이 등장했다.

　동무들과 뛰어놀던 좁은 골목을 벗어나면 몇몇 용감한 아이들은 산으로 올라갔다. 발아래 마을이 내려다보이는 곳에서 내가 사는 동네 너머 먼 곳을 바라본 아이도 있을 것이다. 산 너머에는 무엇이 있을까. 일상의 작은 모험들은 그렇게 시작되었다. 때론 부모님께 야단을 맞거나 친구들과 싸우고 나서 혼자 울적한 마음에 산에 올라가기도 했다.

내가 전에 올라가 보았던 작은 봉우리 얘기해줄까?

봉우리… 지금은 그냥 아주 작은 동산일 뿐이지만

그래도 그때 난 그보다 더 큰 다른 산이 있다고는

생각지를 않았어.

나한테는 그게 전부였거든…

_김민기 작사 작곡 '봉우리' 중에서

김민기가 만든 이 노래는 전인권의 앨범에도 수록되어 있다. 그의 나이 50세가 되었을 때 들은 가수 전인권의 인생은 '봉우리'의 가사를 닮았다. 그는 인왕산 자락에서 태어나고 북악산 언저리에서 자랐다. 어린 시절 해 질 녘이면 으레 뒷산 언덕으로 올라갔다. 가난한 동네에서는 저녁이면 늘 싸우는 소리가 담장을 넘어왔지만, 산에 올라가 보면 풀벌레 소리, 새소리, 물소리, 바람 소리가 있었다. 이내가 깔리며 산 아랫마을에 하나둘 불이 켜지기 시작할 때까지 어두운 산속에서 아수라장 같은 마을을 내려다보던 소년, 전인권은 그때 자신의 귀가 열렸다고 했다. 산에서 들려오는 자연의 '스테레오 사운드'에 귀를 연 것이 평생 음악가로 살게 된 자양분이 되었다.

소설가 박범신은 논산평야에서 나고 자랐다. 드넓은 들판의 아이가 산을 처음 만난 것은 강경 읍내에 있는 중학교에 갈 때였다. 등굣길에 해발 56m의 채운산이 있었다. 소년은 5분이면 갈 수 있는 평탄한 길

산에 올라가 보면 풀벌레 소리, 새소리, 물소리, 바람 소리가 있었다
··· 산에서 들려오는 자연의 '스테레오 사운드'에 귀를 연 것이
평생 음악가로 살게 된 자양분이 되었다.

을 두고 일부러 30여 분 넘게 걸리는 산을 넘어 학교로 갔다. 산길로 가려고 일부러 새벽녘에 집을 나선 것이다. 그렇게 혼자 산을 오르내리던 소년의 걸음걸음에서 자라난 고독과 사색이 훗날 사람들의 가슴속에 파고든 이야기가 되었다고 했다.

그 산이 어디에 있든, 높이에 상관없이 마음을 기댈 수 있는 양지바른 언덕을 가진 사람의 유년은 따뜻했다. 하지만 요즈음 이런 뒷동산을 가진 아이들이 얼마나 될까. 서울만 해도 작고 낮은 산들이 허물어져 대부분 아파트단지로 변했다. 설령 집 가까운 곳에 뒷동산이 있어도 아이들끼리 자유롭게 산으로 놀러 다니기 어렵다. 산과 자연이 우리 아이들의 삶으로부터 너무 멀어졌다.

만일 아이들끼리 산으로 갔다고 하면 부모들은 '개구리 소년 실종사건' 같은 섬뜩한 기억이 먼저 떠오를지도 모른다. 또 '학교 뒷산으로 오라'는 말은 불량배들에게 불려가는 일처럼 들릴 수도 있다. 결국 엄마 아빠가 직접 팔을 걷어부치고 아이들과 함께 산으로 가는 것이 가장 안전한 방법이 되었다.

모험이 사라진 시대
산이 필요하다

높은 산에 올라가 보면 낮은 곳에서는 만날 수 없던 새로운 풍경들이 펼쳐진다. 막다른 곳이라고 생각했던 지점에서 새로운 길이 트이고, 앞이 가로막혀 있던 곳 너머로 숨어있던 드넓은 세상이 드러나기도 한다. 인생의 새로운 지평도 그렇게 열린다. 자기가 발을 딛고 서 있는 곳보다 높은 데로 도약해야만 계속 앞으로 나아갈 수 있다.

평지에서는 내 앞을 가로막고 있던 거대한 벽도 높은 산에 올라가면 발아래 한 점으로 묻혀버린다. 이처럼 어디서 어떻게 바라보느냐에 따라 똑같은 문제도 다르게 인식된다. 막다른 곳 어딘가에 틈이 있다는 사실을 발견하고 나면 비로소 희망이 싹튼다. 산에서는 매 걸음 달라지는 풍경 속에서 그런 희망을 확인할 수 있다. 작은 희망이라도 그렇게 자기 힘으로 직접 찾은 사람이 모험과 도전 앞에서 용기를 낼 수 있다.

도시에서 나고 자라는 대부분의 어린이에게 등산은 가장 쉽게 만날 수 있는 모험이다. 물론 도심 놀이공원에도 모험과 도전이 있다. 롤러코스터도 용기를 내지 않으면 올라탈 수 없다. 하지만 놀이기구가 파는 모험이란 위험을 계산해서 안전하게 만든 가짜일 뿐이다.

산에는 계산된 프로그램이나 예측 가능한 안전장치가 없다. 그래서 등산의 세계에 모험이 있는 것이다. 산악인들은 산은 불확실한 세계이고 그런 '불확실성uncertainty'에 도전하는 것이 진짜 등산이라고 생각한다. 불확실성은 예측 가능한 위험 리스크와는 다른 개념이다.

우리는 아이를 부모 품에서 안전하게 떼어놓기 위해 생활 구석구석에 깔린 소소한 위험에 대처하는 법을 가르쳐야 한다. 교통안전, 놀이안전, 식품안전… 아이들이 대비해야 할 위험은 너무 많다. 그러나 정말 무서운 것은 우리가 알지 못하는 미래다. 인생에서 만나게 될 가장 곤란한 문제는 사실 예측할 수 있는 위험보다는 불확실한 미래 그 자체이기 때문이다.

등산은 불확실한 미래를 향해 걸어가는 인생과 가장 많이 닮았다. 뛰어난 등산가들은 등산을 통해 오히려 산 아래서 살아가는 지혜를 배웠다고 이야기한다. 부모가 아무리 돈이 많아도 자녀의 인생 앞에 놓인 불확실한 미래를 완벽하게 준비할 수 없다. 돈도 권력도 무한한 사랑과 희생도 아이의 인생을 대신 살아줄 수 없다. 그렇지만 우리는 함께 산에 갈 수는 있다.

사람들이 많이 찾는 유명산에는 등산로에 일정한 간격마다 이정표가 있다. 나무 데크가 깔린 보도가 설치된 곳까지만 따라 오르내리면 산에서 길을 잃을 염려도 거의 없다. 그럼에도 여전히 산에서는 뜻밖의 사건들이 발생한다. 산이라는 지형적 특성이 평지와는 다른 변화무쌍한 날씨를 만들어내고, 등산하는 사람도 똑같은 자연환경에서 매번 다르기 반응하기 때문이다.

학교와 집, 학원 사이를 쳇바퀴 돌듯 반복적으로 오가는 도시의 어린이들에게는 산으로 가는 것 자체가 충분히 모험적인 활동이다. 아무리 쉬운 등산로를 따라간다고 해도, 일상적인 생활의 틀을 벗어나는 것에서부터 이미 모험은 시작된다.

산에는 도심에서 만날 수 없는 여러 가지 동식물들이 기다리고 있다. 그것은 동물원에서 사육사의 지시에 따라 제한된 구역에서만 생활하며 먹이를 기다리는 동물과 다르고, 인간의 손에 의해 길러지는 풀과 나무와도 전혀 다른 결을 지닌 생명이다. 또 가슴을 뻥 뚫리게 하는 신선한 공기와 높은 곳에서 열리는 광활한 풍경이 있다.

인간에게는 등산본능이 있다

아기들은 몸을 번쩍 들어 올리거나 목말을 태워주면 좋아한다. 온종일 누워만 있던 아기 입장에서 생각해보자. 수평에서 수직으로 몸을 일으키는 순간 눈앞에 펼쳐진 세상은 얼마나 경이로울까. 한번 몸을 일으켜 본 아기가 계속 안아주고 업어 달라 보채는 것은 당연한 일이다.

이제 아기는 따분한 방바닥에서 벗어나려고 발버둥을 친다. 그러던 어느 날 드디어 몸이 발라당 뒤집어진다. 시작이다. 스스로 몸을 뒤집

수평에서 수직의 세계로, 모든 아기는 위로 올라가고 싶다.
고요하고 안전한 요람의 바닥에서 벗어나고 싶은 욕망이
세상 모든 아기를 자라게 하는 것이다.

는 데 성공한 아기는 두 팔과 무릎으로 원하는 곳으로 갈 수 있다. 기어가는 데 능숙해지면 자연스레 기어오르기에 도전한다. 수평에서 수직의 세계로, 모든 아기는 위로 올라가고 싶다. 고요하고 안전한 요람의 바닥에서 벗어나고 싶은 욕망이 세상 모든 아기를 자라게 하는 것이다.

물론 아기를 돌보는 사람 입장에서는 경계경보 수준의 사이렌이 울리는 시기다. 분주한 아기에게 한시도 눈을 뗄 수가 없다. 아기는 자빠지고 엎어지고 구르면서 온몸으로 세상을 배워가기 때문이다. 이 시기 아기의 몸에 생기는 상처와 멍은 훌륭한 학습의 흔적이다. 만일 아기가 계속 안전하고 포근한 강보 속에 얌전히만 있다면 정상적인 발육을 기대하기 어렵다.

아기는 본능적으로 기어오르기를 좋아한다. 엄마 아빠 말소리가 들리는 식탁 위로 올라가고 싶어 안간힘을 쓴다. 아장아장 걷기 시작한 아이의 눈높이에서 바라본 세상은 온통 거인 같은 어른들 다리만 보일 것이다. 아기는 어른들 다리 위쪽 세상으로 올라가고 싶다. 단순한 위치이동의 욕구가 아니라 인생에서 성취하고 싶은 궁극의 목표와도 같다.

이때 계단은 아기에게 정말 좋은 놀이터다. 비스듬한 경사로는 수직의 세계에서 받는 중력의 충격을 완화하고, 혼자 일어서려는 아기들에게 성취감과 용기를 안겨주는 곳이다. 또 계단 끝까지 올라가고 나면 낯선 세계로부터 새로운 공포심을 느낀다. 이제 두려움에 떨며 엉엉 울면서라도 다시 내려오는 법을 배워야 한다. 높은 곳에서 놀랐다고 아기가 다시는 계단으로 올라가려고 하지 않을까. 아기에게는 이미 직립보행이라는 새로운 세계의 문이 열렸다. 이제 손과 발이 자유로워질 날이 머지않은 것이다.

계단의 경사면은 산비탈과 같다. 계단을 통해 손발의 자유를 익히는 아기들처럼 산에서 인간은 더 큰 자유를 얻을 수 있다. 혼자 힘으로 일어서서 걷기 시작한 다음부터 아기의 발육 속도는 눈부시게 빨라진다. 아기의 신체기능과 지능 발달은 밀접하게 연관되어 있다. 인류의 뇌가 직립보행 이후 급속히 발전한 것과 같은 이치다. 네 발로 기어 다니던 동물적 본능으로부터 자유로워질 때, 아기는 비로소 인간의 자식으로 오롯이 자랄 수 있다. 걸음마에 익숙해지는 시기가 비로소 젖을 떼고 말문이 트이는 때라는 사실이 그것을 증명한다.

우리는 평지에서 두 발로 자유롭게 걸으면서 비로소 인간이 되었다. 산은 평탄한 일상의 길을 벗어나 울퉁불퉁한 비탈의 세계로 높이 올라가야 한다. 아름다운 곳이지만 때론 거칠고 위험하다. 산에서도 자유롭게 걸을 수 있게 되면 평범한 인간의 한계를 뛰어넘는 보다 나은 삶을 만날 수 있다.

“등산은 미지의 세계를 탐구하려는 근원적인 본능”이라고 말한 사람은 초창기 히말라야의 탐험가 롱스태프^{Tom George Longstaff, 1875 ~ 1964}다. 그는 1907년에 트리슐^{7120m}이라는 봉우리를 처음으로 올라갔는데, 그 시대

사람들이 도달했던 최고로 높은 산이었다. 평생 자유로운 여행과 모험을 즐겨온 탐험가도 자신의 성취가 인간의 본능에 충실했을 뿐이라고 말한다. 등산은 누구나 타고난 본능으로부터 출발한다는 뜻이다. 거친 대자연과의 만남은 우리가 잊고 있던 타고난 인간의 본성과 맞대면하는 일이다.

산에 아이들의 비상구가 있다

청소년들이 주관적으로 느끼는 행복지수를 조사한 결과 우리나라가 OECD 23개국 가운데 최하점수를 기록했다는 뉴스가 세간을 떠들썩하게 한 일이 있다. 한국방정환재단과 연세대 사회발전연구소가 함께 실시한 국제비교 설문조사 결과로 우리 청소년들이 느낀 주관적 행복지수는 OECD 평균인 100점보다 무려 30점 이상 낮은 69.29점을 기록했다. 지난 2012년 전국의 초등학교 4학년부터 고등학교 3학년까지 총 6791명의 학생들을 대상으로 자신이 행복하다고 느끼는지를 묻는 조사였다. 굳이 남과 비교한 지수나 지표 등을 들먹이지 않아도 잦은 아이들의 자살 소식을 들으며 피부로 느끼고 있는 사실이다.

언젠가 자살하려는 학생이 엘리베이터에 올라타는 CCTV 영상을 보여주는 뉴스를 보는 순간 떠오른 생각이 있다. 만일 엘리베이터가 고장이 나서 계단으로 걸어 올라갔다면 혹시 상황이 달라지지 않았을까. 숨이 차서 헉헉거리고 땀을 뻘뻘 흘리며 어둡고 갑갑한 계단을 오르다가 옥상에서 탁 트인 시야와 함께 시원한 바람을 맞는다면 그 순간 기분이 어땠을까. 당장 목이 말라 물을 마시고 싶고, 후들거리는 다리에 힘이 풀려 털썩 주저앉은 순간 하늘이라도 한 번 쳐다본다면…. 붉어진 얼굴로 숨을 헐떡이며 쿵덕 쿵덕 빨라진 자신의 심장 소리에 귀 기울일 수만 있다면. 그렇게 잠시라도 시간을 벌 수 있다면, 극단적인 선택의 순간을 늦출 수만 있다면, 혹시라도 뭔가 달라지지 않았을까. 부질없는 생각이라도 그런 실낱같은 희망을 품어보았다.

엘리베이터는 순식간에 목적지에 도달한다. 버튼 하나만 누르면 될 뿐 자기 힘으로 도달한 높이가 아니다. 우리가 은연중에 아이들에게 강요하는 삶도 다르지 않다. 지금 여기에서, 아이들에게 오늘의 행복을 저당 잡히고서라도 높은 곳에 도달하려면 초고속 엘리베이터 위에 올라타야 한다고, 부모가 먼저 등 떠밀고 있는 것은 아닌지.

그러나 인생의 정상은 엘리베이터로 올라갈 수 있는 곳에 있지 않다. 또 누구에게나 똑같은 단 하나의 정상만 존재하지 않는다. 저마다 다른 속도와 보폭으로 자기가 찾은 길로 산을 오른다. 가다가 힘이 들면 쉬었다 가면서 나무도 보고 꽃도 보고 바위에 기대며 뒤를 돌아볼 줄도 알아야 한다.

산을 사랑하는 사람들이 케이블카 설치를 극구 반대하는 이유도 다르지 않다. 자기 힘으로 땀을 흘리지 않고 만나는 풍경 앞에서 사람들이 가볍게 행동할 수 있기 때문이다. 우리는 인생에서 쉽게 성취한 일들이 자칫 독이 될 수도 있다는 사례를 여럿 보아왔다.

케이블카로 산을 오르는 가장 큰 문제는 무엇보다 한꺼번에 많은 사람들을, 일정한 속도로, 같은 높이에 끌어 올린다는 것이다. 정상은 아주 좁은 꼭짓점이다. 그곳에는 한꺼번에 많은 사람이 설 수 있는 자리가 없다. 다양한 신체조건을 가진 사람들은 저마다 다른 방식과 속도로 산을 오를 수밖에 없다. 등산은 단순히 목표지점에 도달하는 것이 아니라 산을 오르는 길에서 자신의 능력을 있는 그대로 확인하고 인정하면서 새로운 가능성을 찾아가는, 과정 자체가 목표다.

성적이나 외모, 부모의 경제력이나 가정환경 등은 산을 오르는 아이들의 두 다리에 아무런 영향을 미치지 못한다. 등산 능력은 타고난 체력보다도 지구력과 의지의 문제가 중요하게 작용한다. 그 때문에 눈에 보이는 것만으로 상대의 능력을 함부로 평가할 수도 없다. 어른들도 마찬가지다. 산에서 오랫동안 함께 있다 보면 상대의 발가벗은 내면세계를 만날 수 있다. 물론 처음에는 각자가 걸치고 있는 등산복이나 장비 등에서 신분의 차이가 느껴질 수는 있다. 사회적 지위와 나이, 연륜에 따라 분명 몸가짐이 다를 것이다. 그러나 산길을 오래 걷다 보면 특히 인간의 한계를 초월하는 높은 곳에서는 산 아래서 걸치고 있던 부와 명예 같은 것들이 아무 소용 없어진다. 등산은 오롯이 인간 자신과 대자연의 맞대면일 뿐이다.

그런 의미에서 현실의 희망과 용기를 잃은 사람들에게 산은 새로운 자아를 찾아가는 비상구 역할을 할 수 있다. 부모도 형제도 친구도 의지하지 못해 스스로 목숨을 끊는 아이들을 바라볼 때마다 생각한다. 아무것도, 누구도 소용없다고 느낀 사람들이 산에서 자기 안에 숨겨진 또 다른 '나'를 만날 기회를 가질 수 있다면 얼마나 좋을까. 자라는 아이들에게 산이 학교와 학원에서 가르쳐주지 않는 생존의 날개를 달아줄 수도 있지 않을까.

스마트한 세상이 아이들을 바보로 만들고 있다

첨단 IT 기업들이 모여 있는 미국 실리콘밸리에 사는 부모들은 아이들을 컴퓨터나 전자책이 없는 학교에 보낸다. 누구보다 첨단 기계의 속성을 잘 알고 있는 사람들이 선택한 교육 방식이다. 구글 회장인 에릭 슈미트는 2009년 봄 펜실베이니아 대학 졸업식 축사에서 "컴퓨터를 끄고 휴대전화를 꺼라. 그러면 주위에 사람들이 있음을 발견하게 될 것이다. 첫발을 뗄 때는 손자, 손녀의 손을 잡아주는 것보다 소중한 순간은 없다"고 말하기까지 했다.

유럽에서도 교육적 차원에서 초중등학생들에게 휴대전화 사용을 금지하는 곳이 늘고 있다. 최근에는 현대인의 뇌 구조가 첨단 디지털기기에 몰두하면서 현실에 대한 적응력이 떨어진다는 사실이 밝혀졌다. '팝콘 브레인'이라는 신조어는 뇌가 팝콘이 톡톡 튀어 오르는 것처럼 즉각적인 현상에만 반응하고 다른 사람의 감정이나 현실에 무감각해지고 있는 상황을 반영한다.

전문가들은 스마트폰 사용자들이 그렇지 않은 사람들에 비해 인터넷 중독에 빠지기 쉬운데, 특히 청소년은 스마트폰 자극에 과도하게 노출될수록 뇌가 균형 있게 발달하지 못한다고 충고한다. 팝콘 브레인이 주의력 부족과 산만함, 과잉행동장애ADHD까지 불러온다는 것이다. 실제로 스마트폰에 빠져있던 아이들이 입시가 가까워져 오면 고육지책으로 일반 휴대전화로 바꾸기까지 한다. 현명한 아이들은 '빠르고 스마트한' 통신환경 속에서 스스로 자제력을 발휘하기는 어렵다는 것을 알기 때문이다. 그나마 피할 곳이 있다면 통신 상태가 불안정한 오지밖에 없지만 우리나라에서는 그런 곳을 만나기가 무척 어렵다.

최근 통계청에서 우리나라 청소년의 여가활동을 조사했는데, '하고 싶은 것'과 '실제 하는 것' 사이에 커다란 차이가 있다는 결과가 나왔다. 어른들의 염려와 달리 청소년들이 가장 하고 싶은 것은 여행이고, 뒤를 이어 문화예술관람, 스포츠 활동 순이었다. 컴퓨터게임과 인터넷 검색

등은 자기계발과 함께 5위를 차지했을 뿐이다. 그러나 이런 희망 사항과 달리 실제 청소년들의 여가활동 1, 2위는 TV 시청과 컴퓨터 게임이었다. 결국 아이들이 게임에 빠져 지내는 것은 달리 할 수 있는 즐거운 일이 없기 때문이었다.

어른들이 청소년 문제를 컴퓨터나 스마트폰 탓으로만 돌리는 것은 부끄러운 일이다. 부모가 앞장서서 해결해야 할 일은 게임 규제가 아니라 집안이나 교실에 갇혀 있는 아이들에게 문을 열어 숨통을 틔워주는 것이다. 그런 면에서 등산은 가장 쉽고 저렴하게 떠날 수 있는 여행이다. 그러면서 심신을 단련시키는 건강한 신체 활동이다. 부모라면 누구든 다른 사람 도움 없이도 당장 시작할 수 있는 것도 등산이다.

'철학자가 스마트폰을 버리고 월든 숲으로 간 이유'라는 부제를 가진 《속도에서 깊이로》라는 책의 저자 윌리엄 파워스는 말한다. "스크린 너머에도 삶이 있다는 것을 부모가 먼저 가르쳐야 한다"고. 그러나 정작 부모들은 오래전부터 이를 위해 노력하고 있지만 쉽지 않다고 했다. 왜냐하면 "부모들 역시 진짜 '인생'에 대해 전혀 고민해보지 않았기 때문"이다.

아이들에게 컴퓨터를 가르치고 스마트폰을 사준 사람은 부모다. 혹시 자녀와 함께인 순간에도 눈을 맞추고 대화하기보다 아이 사진을 찍어 어디론가 전송하며 남들의 반응을 살피는 데만 몰두한 적은 없는가. 윌리엄 파워스는 "아이들은 어리석지도 않고 이중 잣대를 파악하는 눈

부모가 앞장서서 해결해야 할 일은 게임 규제가 아니라
집안이나 교실에 갇혀 있는 아이들에게 문을 열어 숨통을 틔워주는 것이다.
그런 면에서 등산은 가장 쉽고 저렴하게 떠날 수 있는 여행이다.

치도 빠르다.” 그러므로 더욱 “부모의 도덕적 권위는 자신의 삶에서 뿌리를 내리고 있어야 가능하다”고 충고한다. 이것만으로도 우리가 먼저 텔레비전과 컴퓨터와 스마트폰을 끄고, 산으로 가야 하는 이유가 충분하지 않을까.

산은 천연 운동장, 문턱 없는 학교

2012년 대구광역시 초중고교 427곳의 학교 운동장을 조사한 결과 100m 직선 트랙이나 200m 타원형 트랙을 만들 수 없는 학교가 237곳으로 전체의 55.5%였다. 운동장에서 100m 달리기는 고사하고 축구도 제대로 할 수 없는 학교가 이렇게 많이 늘어난 것이다. 심지어 학생들이 한데 모여 한꺼번에 체조할 때 양팔을 자유롭게 뻗을 공간이 부족한 학교도 있다고 한다. 물론 운동장에 전교생을 집합시켜 국민체조를 시키던 시대가 아니므로 단순히 크기가 줄어든 것이 문제는 아니다.

운동장 면적이 이렇게 줄어들게 된 것은 1992년 학교시설 설비 기준령이 개정되면서 체육장의 대각선 길이가 130m가 되도록 한 이전 규정이 삭제되면서부터라고 한다. 현재 ‘고등학교 이하 각급 학교 설립·운영 규정’에 따르면 학생이 600명이 안 되는 학교도 최소 초등학교

3000㎡, 중학교 4000㎡, 고등학교 4800㎡의 운동장을 갖춰야 한다. 하지만 실제로는 기준에 미치지 못하는 곳이 많고 아예 운동장이 없는 학교도 등장했다. 그나마 있던 운동장도 새 건물을 지으면서 면적이 줄어들고 있어, 운동장 공간부터 확보한 다음 교사를 짓는 외국과는 대조적인 모습이라고 걱정하는 목소리가 높다.

운동장을 포기하는 교육의 미래는 어두울 수밖에 없다. 운동장은 단지 체육 수업을 위한 공간이 아니다. 아이들의 숨통을 틔워주는 쉼터이고, 교실과 교과서에서 배울 수 없는 자유로운 교제가 이루어지는 곳이다. 운동장이야말로 학교의 여백이다. 학교 주변에 사는 사람들은 점심시간이나 하교 시간이면 운동장에서 울려 퍼지는 왁자지껄한 아이들의 소리에 익숙하다. 그 요란한 소리야말로 아이들이 살아 있다는 신호다.

물론 요즘 아이들은 수업이 끝나도 운동장에서 해가 저물도록 공을 차거나 고무줄이나 얼음 땡 같은 놀이로 시간 가는지도 모르고 놀지 않는다. 저마다 서로 다른 학원으로 뿔뿔이 흩어져 다시 새로운 교실의 형광등 불빛 아래 모여드는 불나방 같은 생활에 익숙하다. 여백이 없는 일상이 아이들을 얼마나 숨 막히게 하고 있는지 우리는 잘 알고 있다. 그렇게 벼랑 끝에 내몰린 아이들이 자기 몸을 던져서라도 절규를 하는 게 우리 교육의 현실이다.

최근 교육부는 '왕따' 문제나 학교폭력 등을 해결하기 위해 지덕체

교육을 되살리겠다고 했다. 우선 2017년까지 모든 초등학교에 체육전담 교사를 배치하고 중고등학교 체육수업을 늘리겠다는 발표도 있었다. 그러나 어린 시절 강압적인 체육교육을 받아 본 부모 입장에서는 이마저 미덥지 않다. 체육교육 역시 소수의 특기자를 위한 엘리트 육성에 치중해왔고, 학교와 교장의 명예를 드높이는 데만 열을 올렸던 과거의 틀에서 벗어나야 한다. 입시 위주의 교육은 학생들에게 건강한 신체 단련과 땀 흘리는 즐거움을 통해 스트레스를 발산하는 일에 무관심할 수밖에 없다. 성적순으로 서열화하는 교육에 대한 혁명적인 전환이 없는 한 학교 체육 정상화도 어려워 보인다.

새로운 모색을 하는 제도권 밖의 대안학교들도 운동장을 제대로 갖춘 곳은 많지 않다. 그래서 운동장에서 이루어지는 체육 수업을 대신해 산으로 들로 나아가는 일을 중요하게 생각하는 곳이 많다. 그중에서 등산은 소규모 대안학교에서 즐겨 찾는 교육 프로그램이다. 그러나 학교에서 학생들과 함께 산에 가는 일을 정규수업처럼 자주 꾸리기에는 현실적으로 어려움이 많다.

산이야말로 울타리가 없는 넓고 높고 흥미진진한 천연 운동장이다. 또 선생님이 없어도 엄마 아빠가 함께 갈 수 있는 문턱 없는 학교다.

인생에도
등산 교본이 필요하다

등산가들의 바이블이라 불리는 ★마운티니어링^{Mountaineering}이라는 책이 있다. 'The Freedom of the Hills'라는 부제를 단 등산 교본인데, 산에서 자유를 찾아가는 기술을 안내한다. 《마운티니어링》은 인간이 산이라는 거친 자연 속에서 자유로워지기 위해 갖추어야 할 덕목과 기술을 가르쳐준다.

책은 산에서 자유를 얻기 위해서는 먼저 자연에 대해 책임감을 가지는 것이 기본이고, 이런 자격을 갖춘 사람만이 '대자연의 시민권'을 얻는다고 강조한다. 우리 인생의 산에도 그런 시민권이 있을까? 명문 대학의 합격통지서가 그것일까? 하지만 대학을 졸업하고 박사학위를 가진다고 해도 졸업 이후의 삶이 탄탄대로로 이어지지 않는다는 사실, 우리는 이미 잘 알고 있다. 그래서 부모는 아이가 살아가는 데 필요한 보다 근본적인 능력을 찾아 늘 헤매고 있는 것이다.

《마운티니어링》은 "산은 방위각을 측정하고, 목표지점을 찾아가며, 길을 발견하는 기술을 익힌 사람을 기다린다. …목표지점을 찾아간다는 것은 길 없는 곳을 찾아 나서는 모든 모험에서 필수적이다."라고 말

★ 국내 출간 제목은 《등산: 마운티니어링》이다.

한다. 여기서 '산'을 인생이라고 바꾸어도 크게 다르지 않다. 우리 인생도 분명 길 없는 곳을 찾아 나서는 모험이기 때문이다. 그런데 인생이란 모험은 시작만 명확하다. 누구에게나 끝이 있지만 언제 어떤 모습으로 매듭지어질지 알 수 없다.

부모는 자식이라는 생명에 불을 지피고, 아이의 인생이라는 불꽃이 활활 타오르기를 바란다. 하지만 그것을 끝까지 지켜볼 수는 없다. 육아에 대한 우리의 근원적인 불안과 공포는 거기에서 출발한다. 부모의 불꽃이 소멸한 뒤에도 아이가 무사히 살아남아 제힘으로 인생을 활짝 꽃피울 수 있을까.

인간은 다른 동물 종과 비교해 양육기간이 매우 길다. 그만큼 부모와 자식 사이의 애착이 클 수밖에 없다. 유전적으로 불안한 요인을 타고났기 때문이다. 거센 물살을 거슬러 올라와 산란하고 나면 미련 없이 생을 마감하는 연어나 태어나자마자 걷거나 뛰어다니는 망아지나 강아지와 다르다. 아이가 젖을 떼고 걸음마를 배워 홀로 부모 품을 벗어날 때까지, 거친 대지 위로 스스로 뛰어 나갈 때까지 부모가 마음 졸일 수밖에 없는 게 당연하다.

아기가 자라 성인으로 홀로 서기까지 인생이라는 여정이야말로 엄청난 모험 아닐까. 히말라야의 이름 없는 봉우리나 지도에도 없는 낯선 곳을 찾아 홀로 길을 나선 위대한 탐험가의 길만 모험이 아니다. 인간의 아기는 누구나 모험을 통해 성장할 수밖에 없는 운명을 타고 난 것이다.

　　결국 길 없는 곳을 찾아 나서는 모험의 기술을 가르쳐주는 등산의
지침은 인생 교본과 크게 다르지 않다. 등산은 단순한 스포츠가 아니라
삶의 기술과 방편을 가르쳐주는 야외활동이기 때문이다. 책상머리에
앉아 책과 씨름하는 일만으로는 배울 수 없는 생생한 지식과 경험들이
산에서 펼쳐진다. 물론 평생 한 번도 산을 오르지 않더라도 얼마든지
잘 살아갈 수 있다. 그럼에도 왜 그렇게 많은 사람이 산에 오르는 것일
까. 그곳에 당신이 아직 경험하지 못한 답이 있기 때문이다.

"산에서 교육자로서 편견이 깨졌다"

학교에서 등산교육을 실천하는 전완근 씨

등산과 함께 하는 대안교육을 실천하는 전완근 씨는 현재 경기도 여주시 상품중학교 교장으로 있다. 그는 평교사 시절 경기도 평촌공업고등학교에서 학생주임으로 근무했는데 등산 활동을 통해 학교생활 부적응 청소년들을 건강하게 지도한 경험이 많다. 그중 발달장애와 자폐증을 가진 성수와 뚱뚱한 몸집 때문에 또래 친구들과 잘 어울리지 못하던 형식이라는 학생과 고등학교 1학년 때부터 3년간 산악부 활동을 함께 한 일이 있다.

성수와 형식이 모두 학교에서는 소위 '왕따'를 당하는 학생이었다. 둘 사이는 평소 덩치가 큰 형식이가 성수를 몸종 부리듯 했는데도, 서로가 서로에게 의존하고 있는 한동네 친구였다. 전 교사는 두 학생의 관계를 유심히 관찰한 끝에 매주 함께 산에 데리고 가기로 마음먹었다. 성수와 형식이는 전 교사와 함께 주말이면 암벽 등반, 캠핑 그리고 북한산, 설악산 등반까지 다양한 산행을 꾸준히 함께 했다. 전 교사는 한국산악회 출신으로 젊은 시절부터 꾸준히 등산 활동을 해온 전문 산악인이었다.

"신기하게도 산에서는 학교와 달리 아이들이 주눅 들지 않았어요."

전 교사가 자신감을 갖고서 아이들과 꾸준히 산행을 계속할 수 있었던 것은 그늘진 아이에게서 처음으로 웃음을 보았기 때문이다.

"아이들은 학교에서도 전에 보지 못했던 자신감과 활기를 찾아 나갔어요."

두 학생은 나중에 전 교사와 함께 히말라야 트레킹까지 다녀왔고, 등산특기자로 같은 대학에 입학까지 했다.

흥미로운 사실은 히말라야 트레킹 당시 낮은 산에서는 월등한 체력을 자랑하던 형식이와 약골이던 성수 사이에 일어난 반전이다. 고소증세가 나타나는 3000m 이상 고산지대의 컨디션은 평소 체력과는 별 상관이 없었다. 누구도 허약하기만 하던 성수가 힘센 형식이를 도와줄 정도로 원기 왕성해질 줄은 몰랐기 때문이다. 전 교사는 아이들에게 숨겨진 재능을 발견하는 일도 그런 것이 아닐까 생각했다.

전 교사와 함께 트레킹을 마친 학생들의 소감문을 보면, 평소 강한 체력을 자랑하던 형식이가 "에베레스트 갈 때 초반에는 쌩쌩했는데 나중에는 몸이 무거워 땅에 들어갔다 나왔다 하는 기분"이었다고 적어

놓았다. 이때 성수는 형식이에게 "다리에 힘이 없었어? 난 내려갈 때는 쉽고 올라갈 때는 무척 힘들더라. 그런데 호흡조절을 하면서 발걸음을 맞춰 걸었더니 도움이 되었어."라고 조언을 했단다. 또 산행 중 돌계단을 내려갈 때 성수가 형식이를 밀어뜨리는 장난을 했다가 선생님께 크게 야단을 맞았는데, 그것이 오히려 이후 산행에 도움이 되었다고 고백하기도 했다. 성수는 여행을 마치며 전 교사에게 "앞으로는 생각을 깊이하고 남에게 의지하지 않도록 노력할 수 있을 것 같아요."라고 마음을 전했다고 한다.

전 교사는 등산을 중요한 인성교육의 방편으로 삼아 지금도 학생들과 함께 꾸준히 산을 오르고 있다. 아이들을 데리고 산에 다니려면 안전을 위해 경험이 풍부한 교사가 언제나 모든 것을 돌봐주어야 하기 때문에 힘에 부친다. 그렇지만 힘들고 고된 산행일수록 더 큰 깨달음과 기쁨이 함께 했다. 특히 장애가 있는 학생을 데리고 히말라야 트레킹이란 모험을 무사히 마치고 나서는 이렇게 말한다.

"아이들과 함께 등반하면서 내 사람됨의 수준과 교사로서 지향해야 할 바를 깨달았어요. 이 경험이 더 좋은

교육활동에 밑거름이 되길 바랍니다.”

그는 성수와 형식이의 사례를 통해 얻은 자신감을 바탕으로, 이후 사제동행 산행을 교육의 중요한 자산으로 삼았다. 주로 학교에서 문제아 취급을 받던 학생들과 꾸준히 등산 활동을 함께 했는데, 가장 소중한 경험은 교육자로서 자신이 가지고 있던 두터운 편견의 벽이 깨졌다는 사실이다. 처음부터 문제아나 부적응 학생은 없다는 것이 그가 아이들과 함께 산을 오르내리면서 도달한 결론이다.

★ 이 사례에 소개한 학생들의 이름은 가명이다.

산이 아이를 자라게 한다

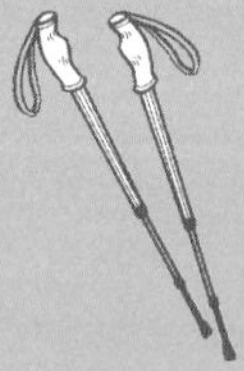

내가 산 정상에서 발견한 것은 산이 아니라 사람이다.
성공적인 탐험 뒤에 감춰진 위대한 경험은 바로
내가 긍정적인 자아상을 만들었다는 것이다.

● 라인홀트 메스너 ●

자연으로부터
배우고 성장한다

산을 오르는 일은 수학문제를 풀어내는 것처럼 정해진 공식대로만 되지 않는다. 매번 같은 산에서 잘 닦인 등산로와 길 안내 표지판을 그대로 따라간다 해도 산에서 겪는 등산 체험은 때마다 다르기 때문이다. 기본적으로 개인의 체력과 컨디션에 따라 달라지겠지만 무엇보다 산악 환경 자체가 변화무쌍하기 때문이다. 그것은 산이 높이를 가진 지형지물이기 때문에 나타나는 본질적인 문제다. 자녀교육도 등산 환경과 비슷하지 않을까. 아무리 아이를 위해 완벽한 스케줄을 짜놓았다고 해도 자식은 부모 뜻대로만 되지 않는다.

요즈음 우리는 개천에서 용이 나기 힘든 세상이 되었다는 이야기를 한다. 부모의 학벌과 인맥, 경제력에 의해 어린 시절부터 계층 구분이 명확해지고, 다른 환경의 아이들이 한데 어우러져 다양한 삶을 배워갈

여지가 확연히 줄어들고 있는 것은 사실이다. 젊은 엄마들은 산후조리원에서부터 인맥을 쌓기 위해 애를 쓰기까지 한다.

그러나 인생이라는 거대한 산에는 여전히 불확실성이 존재한다. 인간은 신이 설계한 프로그램대로 똑같이 움직이지 않기 때문이다. 어쩌면 미래가 불확실하기 때문에 우리는 자유로울 수 있는 것 아닐까. 부모와 자식의 관계도 그걸 인정할 때 비로소 자유로워질 수 있다.

때문에 아이와 함께 산을 오르면서 우리가 진정으로 배워야 할 것은 모험, 도전, 성취처럼 극기 훈련 캠프에서 강조하는 덕목들이 아니다. 오히려 변화무쌍한 대자연 앞에서 스스로 나약한 존재임을 인정하고서 그로부터 어려움을 헤쳐나갈 지혜를 찾아가는 과정이 중요하다. 산은 그 속에서 크나큰 기쁨을 선사한다.

200여 년 전 교육자 페스탈로치의 생각 역시 다르지 않았다.

> 아이들을 자연으로 내보내라. 언덕 위와 들에서 아이들을 가르치라. 그곳에서 아이들은 더욱 좋은 소리를 들을 것이고, 그때 가진 자유의 느낌은 아이들에게 어려움을 극복할 힘을 줄 것이다. 그리고 이런 자유 시간에 아이들을 당신에 의해서라기보다는 오히려 자연에 의해 배울 수 있도록 하라. 아이들이 걸음을 멈추면 바로 그때 새의 지저귐이나 나뭇잎 위 곤충의 노래를 듣게 될 것이다. 나무

산에서 만나는 자연이 아이들을 가르치게 될 때 부모는 잠자코 있는다.
아이가 자연이란 큰 스승을 선입견 없이 만나도록
부모가 먼저 한 발짝 뒤로 물러서야 한다.

와 새와 곤충이 아이들을 가르치게 될 때에 당신은 조용
히 있도록 하라.

_페스탈로치 《은자의 황혼》 중에서

산에서 만나는 자연이 아이들을 가르치게 될 때 부모는 잠자코 있는
다. 아이가 자연이란 큰 스승을 선입견 없이 만나도록 부모가 먼저 한
발짝 뒤로 물러서야 한다. 우리가 일러주는 나무 이름이나 풀벌레에 대
한 야트막한 지식보다 아이가 온몸으로 자연을 만나면서 깨닫는 영혼
의 교감이 훨씬 중요하기 때문이다. 부모가 아는 상식 정도는 나중에
아이 스스로 책을 찾아 충분히 배울 수 있다.

부모가 세운 잣대를 내려놓고서 위대한 자연의 스승 앞에 아이의 감
성을 내맡기자. 아이와 함께 산을 오르며 섣불리 가르치려 하지 않고
욕심을 내려놓을 때, 등산이 아이를 위한 숙제가 아니라 가족을 위한
행복한 놀이가 될 것이다.

결국 산에서 아이에게 속도를 맞추는 부모일수록 발걸음마다 겸허
하게 자신을 돌아볼 수 있는 시간을 충분히 가질 수 있다. 먼저 보폭을
줄이고 느려져야만 하는 부모의 걸음걸이가 자신을 낮추고 비우는 연
습이 된다. 그런 면에서 어린 아이와 함께하는 등산은 오히려 부모에게
더 좋은 공부다. 어쩌면 아이를 위해 시작한 등산이 육아나 자녀교육에
대해 조급하고 불안해하던 부모에게 마음의 여유를 되찾는 기회를 줄

것이다.

몸과 마음의
근력이 자란다

우리 사회에 등산 인구가 폭발적으로 증가하게 된 가장 큰 이유는 역설적이게도 건강하지 못한 사람들이 많아졌기 때문이다. 특히 중장년층이 등산을 시작하는 가장 큰 이유도 건강 때문이다. 많이 먹고 적게 움직이는 현대인의 생활은 자연히 병을 부를 수밖에 없다. 성인병이라 부르던 고혈압, 당뇨 등이 지금은 나이와 상관없이 나타나는 생활습관병으로 불리는 것만 보아도 알 수 있다. 생활습관병은 청소년에게도 예외가 아니다.

골목과 운동장에서 또래들과 뛰어놀며 심신을 단련하고, 놀이를 통해 사회적 관계를 터득하던 아이들이 지금은 컴퓨터와 스마트폰 속 가상공간에서 놀고 있다. 어른들은 몸놀림이 둔해지고 손가락과 눈동자만 빠르게 움직이는 아이들에게 ADHD라는 새로운 질병을 만들어 환자 취급을 하고 있다.

아이들을 운동장도 없는 좁은 교실에, 자연과 모험의 삶으로부터 철저히 격리시켜 놓고서 컴퓨터와 스마트폰만 사준 어른들이 ADHD의 가장 큰 원인 제공자다. 컴퓨터와 달리 호주머니 속에 늘 가지고 다닐 수 있는 스마트폰은 족쇄와 같다. 그래서 더욱 위험하다. 스마트폰에 중독되면 좌우 뇌의 균형이 깨지면서 특히 전두엽에 나쁜 영향을 미친다고 한다. 전두엽은 집중력과 충동을 억제하는 기능을 담당하고 있다. 좌뇌에 지속적인 자극을 주는 컴퓨터 게임에 몰두하는 아이들은 상대적으로 우뇌의 기능이 떨어지면서 자율신경계의 균형이 깨진다고 한다. 이는 숙면을 방해해 성장과 학습 장애로까지 이어진다.

이런 아이들에게 전문가들이 권하는 가장 효과적인 처방이 운동이다. 산책과 등산, 자전거 타기, 배드민턴 같은 운동이 우뇌를 자극하는 데 도움을 준다. 이 가운데 등산은 가장 적극적으로 오감을 활용하는 전신운동이다. 뿐만 아니라 가장 쾌적한 공간에서 아름다운 경치를 감상하며 몸을 움직이기 때문에 즐거움과 성취감을 함께 느낄 수 있는 게 장점이다.

등산의 운동 효과는 달리기나 수영보다 높다. 등산은 시간당 에너지 소모량이 가장 많은 유산소 운동이기 때문에 살을 빼려는 사람에게도 효과적이다. 적어도 산에 가면 3~4시간 정도 계속 걸어야 하는데 이처럼 오랜 시간 지루함을 느끼지 않고 계속 할 수 있는 운동은 흔치 않다.

또 등산을 꾸준히 하면 심폐기능이 향상되고, 뼈와 근육이 단련된다. 평지와 달리 울퉁불퉁하고 경사가 있는 산길을 오르기 때문에 매 순간 우리 몸이 중심을 잡기 위해 계속 움직여야 한다. 이런 과정은 척추를 바로 세워 비뚤어진 자세를 교정하는 데도 도움을 준다. 한편 산에서는 특별히 노력하지 않아도 멀리 볼 수 있다. 평소 과도한 학습과 컴퓨터 게임, 스마트폰 사용 등에서 오는 청소년기 눈의 피로를 씻어주는 데도 효과적이다. 무엇보다 좋은 것은 자연 속에서 맑은 공기를 마시며 마음이 편안해진다는 점이다.

이렇게 많은 장점을 가진 등산은 별도의 레슨비가 들지 않는 경제적인 운동이라는 점도 두드러진 특징이다. 산은 온 가족이 가장 쉽고 편하게 접근할 수 있는, 사계절 변화무쌍한 스포츠센터다. 아름답고 쾌적한 병원이자 휴양지이기도 하다. 실제로 지난 2009년 산림청이 주관한 설문조사에서도 *한 달에 한 번 이상 등산을 하면 개인의 의료비용을 줄일 수 있다는 연구결과가 발표되었다. 이때 적어도 일주일에 한 번 이상 등산을 하는 사람들은 1년에 한 번 산에 가는 사람에 비해 20배 이상 의료비 절감 효과가 있다고 한다. 그러므로 등산이야말로 건강을 위협받는 중년의 아버지가 자녀와 함께 스스로 몸과 마음의 건강을 챙기면서 할 수 있는 일거양득의 육아다.

★ 산림청 '등산활동의 의료비용 대체 효과 및 경제·사회적 효과 분석'_주 1회 이상 등산하는 사람은 연평균 284만 6천 원, 연 1회 이상은 13만 6천 원 정도의 의료비 절감효과가 있는 것으로 나타났다.

걷기를 배운 아이들이 등산을 통해 더욱 '극적으로 걷게' 된다면
평범한 일상에서 만나기 힘든 새로운 배움의 길이 열릴 것이다.

모험하는 인간의
잠재력을 깨운다

아기의 옹알이가 정확한 단어를 구사하는 구체적인 언어로 발전하는 시기는 걸음마를 배우는 때와 거의 일치한다. 아기들은 말문이 트이고 아장아장 걷기 시작하면서 복잡한 세상을 온몸의 감각기관으로 습득해간다. 세상 모든 아기들은 걸음마를 통해 세상을 배우면서 인류의 진화과정을 반복하고 있는 셈이다.

인간의 역사에 나타난 다양한 걷기 활동을 인문학적으로 조명한 책 《걷기의 역사》는 "걷기는 인생의 축소판이며 산을 오르는 것은 보다 극적으로 걷는 것이다."라고 말했다. 그러므로 걷기를 배운 아이들이 등산을 통해 더욱 '극적으로 걷게' 된다면 평범한 일상에서 만나기 힘든 새로운 배움의 길이 열릴 것이다.

우리가 두 발로 걸으면서 비로소 인간이 되었다면, 인간은 등산을 시작하면서 운명을 개척하는 강인한 존재가 되었다. 알프스에서 시작된 근대 등산의 세계를 보아도 그렇다.

과거 유럽 사람들은 높은 산에는 용과 악마가 산다고 믿었다. 그래서 거대한 산을 바라보며 두려움에 떨었고, 함부로 산을 가까이하려고 하지 않았다. 해발 3000~4000m대의 알프스 산악지대는 수목한계선과 빙하가 있는 거친 대자연의 세계다. 예로부터 낮은 산자락에 기대

산과 함께 살아온 우리 민족의 정서와는 사뭇 다른 풍경이다. 유럽 사람들은 태생적으로 눈과 얼음으로 뒤덮인 거대한 산으로부터 압도당할 수밖에 없었다.

그런데 산에 대한 이런 고정관념을 깨고 알프스에서 가장 높은 산에 올라간 사람들이 나타났다. 1786년 자크 발마와 미셸 파카르가 역사상 최초로 4807m 몽블랑의 정상에 선 것이다. 이로부터 본격적인 등산이 시작되었고, 거친 대자연에 맞서는 모험으로부터 알피니즘이라는 새로운 정신이 탄생했다. 비로소 산에 대한 오랜 오해와 미신이 깨지기 시작한 것이다. 몽블랑 등정은 높은 산에 용과 악마가 살지 않는다는 것을 입증한 일대 사건이었다. 두 다리로 운명을 개척하는 인간의 힘을 보여준 것이다.

산이 희망을 주는 것은 등산에 그런 개척자의 정신이 담겨 있기 때문이다. 처음 정상에 올라가는 사람은 세상에 없던 길을 스스로 만들어야 한다. 가시덤불과 무성한 숲을 헤치고 올라가 가파른 바위벼랑에 길을 내고 눈보라를 헤쳐 춥고 높은 곳으로 도달하기까지, 그는 누구도 발을 디뎌 본 적이 없는 미지의 세계를 향해 한 발 한 발 앞으로 나아갔다. 그는 단지 길을 개척한 것이 아니라 불가능하다고 믿었던 일들을 가능하게 만들었다.

오직 인간만이 먹고사는 문제와 상관없이도 위험한 모험을 즐긴다. 왜 그럴까. 유전자 속에 모험을 통해 진화한 피가 흐르고 있기 때문 아닐까. 흥미로운 것은 진화가 끝난 뒤에도 인간의 아기들은 누구나 그 과정을 되밟으며 자란다는 점이다. 아기가 제힘으로 두 발로 일어설 수 있어야만, 온전히 말을 배우고 성장할 수 있다는 사실은 모험이야말로 인간의 특성이라는 것을 증명한다.

등산은 돌 전후로 발현되던 모험하는 인간의 힘을 대자연 속에서 다시 한 번 일깨운다. 질병이나 장애로 생활에 제약을 가지고 있던 많은 사람들이 등산을 통해 긍정적인 변화를 겪는 것도 모험을 두려워하지 않았기 때문이다. 모험하는 인간의 유전자가 아이들의 잠재의식 속에서 깨어나게 하자. 아이들을 등산의 세계로 안내하는 것은 현실에 순응하지 않고 보다 나은 삶을 향해 앞으로 나아가는 강인한 정신을 선물하는 일이다.

곤란한 문제를
창의적으로 해결하는 즐거움

흔히 '자식에게 물고기를 주지 말고 고기 잡는 법을 가르치라'고 한다. 아이를 학교에 보내고 계속 공부를 시키는 이유도 결국 인생이라는 망망대해에서 부모 도움 없이 스스로 고기를 잡을 수 있게 하려는 것이다. 하지만 학교 교육이 온전히 자립할 능력을 키워주리라고 확신하지 못한다. 취업하기 위한 스펙을 쌓는 방법은 배울지 몰라도 제 손으로 밥을 짓고 살림을 꾸려나가는 일, 온전히 자기 인생의 주인으로 설 수 있게 하는 교육은 가정의 몫이다.

요즘 캥거루 새끼처럼 어미 배 주머니 속에서 나오려 하지 않는 청년들이 늘어나는 것도 결국 부모 잘못이다. 다 자란 자식 주위를 계속 맴돌며 '헬리콥터 부모' 노릇을 하려는 사람이 많기 때문이다. 어쩌면 부모 스스로 자생력이 부족하기 때문일 것이다.

물론 우리가 야생에서 맨손으로 물고기를 잡아먹으며 살아남아야 할 일은 거의 없다. 그럼에도 불구하고 사람들은 왜 '달인 김병만'이 보여주는 예능 프로그램에 환호할까. 공장에서 만든 물건과 타인의 서비스를 돈으로 사는 방법 외에는 익숙하지 않은 도시인들도 여전히 온전한 인간의 가치는 자립하는 삶으로부터 나온다고 믿기 때문일 것이다. 자립은 자유의 전제 조건이다.

물론 우리가 모두 정글과 무인도에 내던져질지도 모른다는 걱정을 하며 생존의 달인이 되는 훈련까지 할 필요는 없다. 그렇지만 등산을 제대로 이해하게 되면 최소한의 자활능력은 기를 수 있다. 그것은 어떤 어려운 조건에서도 희망을 잃지 않는 긍정적인 자아상을 만들어준다. 그런 의미에서 등산이야말로 아이가 인생의 바다에서 살아남을 수 있는 생존의 기술을 가르쳐줄 것이다.

우리 집은 아이들이 어릴 때 산속에 있는 마을에 살면서 겨울이면 혹한과 폭설 때문에 고생을 했다. 한파로 지하수 배관이 얼면 날이 풀릴 때까지 며칠 동안 집안에서 물을 쓸 수 없는 날도 종종 있었다. 설상가상으로 폭설로 길이 끊겨 대로변까지 나가는데 차가 다니지 못한 적이 있다. 사방이 눈으로 뒤덮인 산골짜기에 꼼짝없이 갇힌 셈이었다. 물은 간신히 마당에 있는 야외수도를 이용했기 때문에, 끼니때마다 설거지거리를 싸들고 밖으로 나가야 했다. 그러다 보니 물을 아껴 그릇을 닦아야 했는데 평소 등산과 야영생활이 도움이 됐다. 산에서는 절에서 발우공양 하듯 깨끗이 그릇을 비우고 뜨거운 물을 부어 헹구어 마신 다음 종이 타올로 닦아내는 것으로 설거지를 마친다. 특히 높은 곳에 있는 대피소일수록 물을 아껴야 하기 때문이다.

남편은 중등산화에 스패츠(발목과 발등을 보호하는 띠)를 차고서 러셀(산에서, 선두에 서서 눈을 쳐내어 길을 다지면서 나아가는 일)하듯 마을 길을 뚫어 사람이 다닐 수 있게 만들었다. 그리고 큰 배낭을 메고 출근을 해서 저녁이면 한가득 가족을 위한 보급품을 메고 귀가했다. 물과 길이 끊긴 생활은 이만저만 불편한 게 아니었지만, 차라리 그 순간 한겨울 지리산 세석대피소 같은 곳에 머물고 있다고 생각하니 마음이 편안했다. 평소 다양한 자연환경의 악조건에서 살아남는 서바이벌 매뉴얼 같은 만화책을 즐겨 보던 아이들도 눈 속에 고립된 시간을 잠시나마 놀이처럼 즐겼다. 장독대에 얼음이 꽝꽝 언 것을 빙벽등반용 아이젠을 신고 피켈로 찍어 깨뜨렸다는 산사람들의 무용담도 있다. 이렇게 불편하고 고통스러운 순간을 즐길 줄 아는 여유는 모두 등산을 통해 배운 것이다.

그렇다고 등산가들이 무모하게 위험을 즐기는 사람은 아니다. 다만 산에서 만날 수 있는 불확실하고 곤란한 문제들을 창의적으로 극복하면서 즐거움을 찾고 깨달음을 얻을 뿐이다. 그래서 등산가들은 거친 자연환경과 위기 상황을 극복할 수 있는 능력을 갖추기 위해 평소 자신을 단련한다. 산을 체력단련을 위한 훈련의 장으로 찾아가는 사람들과 달리 어려운 등반을 잘해내기 위해 산 아래서도 꾸준히 몸을 관리하는 사람이 프로이다. 어려운 문제풀이 자체를 즐기는 학생들이 우수한 성적을 거두는 것과 마찬가지다.

어려움을 이겨내고 넘어서는 힘

둘째 딸에게 한동안 '언니, 조심해!'라는 말이 별명처럼 따라다닌 일이 있다. 명절에 친지들이 한자리에 모이면 여자들이 제사음식을 준비하는 동안 남자들이 아이들을 데리고 등산을 한 적이 있다. 여섯 살과 네 살이었던 우리 딸들이 운문산 자락을 사촌들과 함께 오르던 때의 이야기다.

큰아버지와 함께 앞서 산을 오르던 둘째 아이가 발을 헛디뎌 미끄러졌다. 그때 아이가 자리에서 일어나서는 뒤따라오는 언니를 보고 소리쳤다. "언니, 조심해!"라고 말이다. 그 모습이 어찌나 야무져 보였는지, 어른들은 둘째를 만날 때마다 인사처럼 그 말을 끄집어냈다. 어린아이가 위급한 상황에서 제 언니를 걱정할 수 있다는 게 기특했던 모양이다. 평소 산행으로 익힌 대응인데, 아이들에게 몸으로 배우는 것만큼 강렬한 학습은 없다.

전혀 다른 일화도 있다. 남편은 오랜 기간 등산용 캐리어에 아이를 업고 산을 오르내렸는데 두 딸의 반응이 사뭇 달랐다고 한다. 두 돌이 지나 아빠 등에 업힌 채로 산을 오르던 큰딸은 틈만 나면 등 뒤에서 "아빠, 나 때문에 힘들지?"라고 자꾸 물었다. 그 말 한마디 때문에 피로가 말끔히 가시는 게 부모 아닌가. 그런 남편이 둘째는 전혀 달랐다고 기억하고 있었다. "아빠가 너무 힘든데 그만 내려서 걸어볼래?" 하고 둘째에게 물은 일이 있는데, 아이는 등에 업힌 채로 "싫어. 나도 힘들단 말이야."라며 보챘다는 것이다.

무거운 등짐을 지고 오르막길을 걷는 일이 고되다는 것은 아이 스스로 경험해보지 않고는 알 수 없는 일이다. 강보에 쌓인 채 품에 안긴 아기가 엄마의 팔이 아플 거라고 걱정할 수는 없다. 아빠 등에 업혀서도 마음이 편치 않았던 큰딸은 어려서부터 둘째보다 산행을 많이 했다. 또 동생이 생긴 뒤로는 부모에게 업히거나 안기는 일을 계속 양보해야 했기에 훨씬 빨리 자립할 수밖에 없지 않았을까.

사실 큰 딸은 동생과 비교하면 운동신경이 둔하고 순발력이 떨어지는 편이다. 또래보다 키가 월등히 크고 다리가 긴데도 초등학교 운동회에서 6년 내내 달리기에서 꼴찌를 도맡는 걸로도 유명했다. 그런데 신기하게도 속도를 요구하는 100m 달리기와 달리, 어지간한 사내아이도 중도에 포기하는 오래달리기만큼은 뒤지지 않았다. 그 모습을 보니 아이가 어려서부터 산에서 별 투정 없이 잘 걸었던 게 생각났다.

실제로 등산 능력은 스포츠 체력과는 다르다. 등산은 속도가 낮은 운동이다. 단거리달리기는 1분당 250보, 걷기는 120보를 움직이는 것에 비해 등산은 그 절반인 1분당 60보의 속도로 이동한다. 또 힘이 들면 얼마든지 쉬어가면서 먹고 마시고 체력을 보충할 수 있다. 등산은 체력의 최대치를 전력으로 사용하는 스포츠와는 본질에서 다른 운동이다. 속도는 낮아도 가장 오랜 시간 지속하기 때문에 지구력이 중요하다. 그래서 어린아이들도 컨디션 조절만 잘하면 얼마든지 산을 오를 수 있는 것이다. 산에서 육중한 체구로 숨을 헐떡이는 어른들 곁에서 다람쥐마냥 뛰어오르는 어린이들을 종종 볼 수 있다.

산을 오르는 능력은 순간적으로 얼마나 강한 힘을 쓸 수 있는가보다는 천천히 얼마나 오래 걸을 수 있는가의 문제다. 누구나 산을 오르다 보면 정도의 차이가 있을 뿐이지 자신의 체력이 한계에 이르러 힘에 부치는 순간이 찾아온다. 여기서 포기하는 사람과 쉬면서 천천히 몸과 마음을 가다듬고서 다시 힘을 내서 한 걸음 더 나아갈 수 있는 사람으로 나뉠 뿐이다. 결국 등산은 신체능력만큼 정신의 힘이 필요하다. 아이들이 산길에서 마주치는 고통과 어려움 속에서 단련되고 배우는 것도 강인한 체력보다 정신의 근력이 먼저다.

걷기와 생각하기가 밀접하게 연관된 행위임을 밝히고 있는 책《걷기의 철학》에서 저자 크리스토프 라무르도 비슷한 이야기를 하고 있다.

> 우리는 다른 한 사람이나 다수의 타인이 아니라 자기 자신을 상대로 걷게 된다. 다시 말해 산행은 의지와 자유를 가르치는 학교다. 시간이 어느 정도 흐르면 걷는 사람을 괴롭히게 마련인 좌절감, 피로, 고통 등에 저항해야 하기 때문이다.
>
> _크리스토프 라무르《걷기의 철학》중에서

불안과 갈등 치유를 돕는 힘

어느 순간 아이의 말수가 적어지고 짜증이 늘며, 방문을 걸어 잠그고 자기만의 시간을 가지려고 할 때가 온다. 보통 이 시기 아이들의 몸은 급속한 신체 성장이라는 놀라운 변화를 견뎌내야 한다. 몸과 마음은 활화산처럼 뜨거울 수밖에 없다. 몸이 자라는 것뿐만 아니라 성적으로도 성숙해지지만 좀처럼 왕성한 기운을 발산할 틈이 없다. 그럼에도 학교 공부와 미래에 대한 불안감이 일상을 짓누르니 아이는 그야말로 지뢰밭을 뛰어다니는 것 같다.

아이들은 부모에게 향한 문을 닫고 게임이나 인터넷 세상을 비상구 삼아 빠져들지만 그곳에도 진정한 자유는 없다. 이럴 때는 잔소리 대신 배낭을 챙겨 조용히 산으로 데려가는 게 낫다. 등산은 고단한 현실을 잊게 하고 계속 더 높은 자극을 추구한다는 점에서 마약이나 게임 같은 중독성이 있다. 그러나 건강을 해치는 게임이나 약물중독과 다른 점은 등산을 하면 우리 몸이 행복한 느낌이 들게 하는 호르몬을 스스로 만들어 낸다는 점이다.

등산하고 난 다음 날 혈액 속에 베타 엔돌핀의 양이 10~20% 상승한다는 연구 결과가 있다. 뇌에서 분비되는 호르몬 가운데 가장 강력한 효능을 지닌 베타 엔돌핀은 통증을 완화하며 기분이 좋아지게 만들어주는 천연마취제다. 그뿐만 아니라 뇌 기능을 활성화 시키고, 스트레스에 대한 면역력도 키워주기 때문에 학업에 지친 청소년에게 도움을 줄 수 있다.

마라토너들은 일정한 거리를 달리고 나면 고통을 잊고 정신적으로 희열을 느끼는 '런너스 하이'를 경험한다. 이것 역시 베타 엔돌핀의 효과다. 운동을 계속하면 베타 엔돌핀이 평소보다 5배 이상 많이 분비되는데, 모르핀보다 10배나 강력한 진통 효과가 있다고 한다. 운동중독자들이 통증을 느끼지 못하고 계속 운동에 몰두하게 되는 이유가 여기 있다. 그런데 이런 효과를 느끼려면 최소한 한 시간 이상 강한 운동을 계속 해야 하는데, 자칫 운동중독은 만성피로와 근육 손상 같은 부작용을 부르기도 한다. 하지만 등산은 놀이이자 휴식으로 즐기면서 '런너스 하이'와 같은 경험을 할 수 있다. 물론 산에서도 고양된 감정을 느끼려면 일정 정도 고통을 감수해야만 한다. 힘들다고 중간에 너무 빨리 포기해버리고 나면 높은 곳에 도달해서 누릴 수 있는 기쁨을 제대로 만끽할 수 없기 때문이다.

산행을 시작하면 누구나 어느 순간 숨이 턱까지 차오르면서 얼굴이 달아오르고 호흡이 가빠지는 지점을 만난다. 흔히 사점에 도달했다고 말하는 고빗사위인데 이 시기는 사람마다 다르게 나타난다. 사점에 도달했다고 느껴지는 순간에는 멈추지 말고 천천히 속도를 늦추어야 한다. 그러면 이내 호흡이 편안해지면서 차츰 몸이 풀리는 것을 경험하게 된다. 서서히 기분도 좋아지고 발걸음이 가벼워지면서 새로운 의욕이 생긴다.

고빗사위를 스스로 넘어서는 경험은 아이들에게 강한 자신감을 안겨준다. 온몸으로 느낀 쾌감은 강렬한 기억으로 쉽게 잊히지 않는다. 눈앞에 아름다운 풍경이 펼쳐지고 발아래 내가 걸어온 길들이 아득하게 보일 때, 그곳까지 내 힘으로 걸어 올라왔다고 느끼는 순간 가슴이 벅차오른다. 그 시간 자체가 아이에게는 값진 선물이다. 이때 조용히 자기 내면의 자아와 이야기를 나누도록 잠깐이라도 아이의 고독한 시간을 방해하지 않는다. 때론 아무 말 하지 않고 그냥 곁에 있어준다는 것만으로 더 큰 울림이 전해질 수 있기 때문이다.

등산을 통해 즐거움을 맛본 아이들은 빠르게 산에 적응한다. 아이가 산에 깊이 빠진다고 해도 운동이나 게임중독과는 전혀 다른 경험이기 때문에 염려할 필요가 없다. 오히려 훌륭한 등산가는 산에 빠질수록 냉철해진다. 등산이 어려워질수록 불확실한 자연의 힘에 가까워지기 때문에, 산을 알아갈수록 위험에 대처하기 위해 자신을 단련하며 미래를 준비해 나간다. 대부분 등산가들은 이런 과정을 반복하는 동안 긍정적으로 삶을 변화시키는 힘을 얻는다.

이처럼 방황하는 사춘기 아이들의 충동적이고 공격적인 에너지를 등산이 긍정적인 형태로 승화시킬 수 있다. 부모가 자녀와 산을 오르며 그런 과정을 이끌 수 있다면 가장 좋겠지만, 이미 가정이나 학교에서 문제행동을 일으켜 서로의 골이 깊어진 상태라면 전문가의 도움을 받아보자. 이때 스포츠클라이밍이 등산만큼 유용한 해결책이 될 수도 있다. 문제가 있는 청소년이 아니라도 자녀가 등산에 흥미를 느끼면서 보다 강렬한 자극과 모험에 대한 충동을 느낀다면, 암벽등반이나 스포츠클라이밍처럼 극적인 세계를 맛보게 하는 것도 좋다.

눈 앞에 아름다운 풍경이 펼쳐지고 발아래 내가 걸어온 길들이 아득하게 보일 때,
그곳까지 내 힘으로 걸어 올라왔다고 느끼는 순간 가슴이 벅차오른다.
그 시간 자체가 아이에게는 값진 선물이다.

지난 *2005년 충청북도 청주시 한 고등학교에서는 흥미로운 실험이 펼쳐졌다. 학칙에 어긋나는 징계를 1회 이상 받은 학생 50명을 대상으로 지역 산악동호회의 도움으로 일주일에 세 번씩 오전 1시간, 오후 2시간씩 16주간 스포츠클라이밍교실을 실시하고, 그렇지 않은 일반 학생 그룹 간의 차이를 비교 조사한 것이다. 스포츠클라이밍 활동 여부에 따라 기초체력향상 정도와 학교생활 태도, 자아개념 등이 어떻게 변화했는가를 알아보기 위한 심리검사가 이루어졌다. 실험결과 3월부터 6월까지 특별활동으로 스포츠클라이밍 교실에 참가한 학생들은 하체 근력이 눈에 띄게 향상되었고, 학교생활에 대한 만족도와 수업태도가 긍정적으로 변화했다. 특히 자아존중감이 높아져 실험 이전보다 자신을 긍정적으로 평가하는 점수가 높아졌다.

부분에서
전체를 보는 눈

아이와 함께하는 산행이 익숙해지면 자연스레 산줄기로 시야가 넓혀진다. 대부분의 산은 다른 산과 이어져 있기 때문에 내가 오른 산이 어

★ 박문환 '스포츠클라이밍을 활용한 비행청소년의 선도효과' / 한국사회체육학회지 제27호 (2006년 8월) 303~313쪽.

디로 이어져 있는지 궁금하지 않을 수 없다. 산에 올라보아야 비로소 다른 산줄기가 보이는 것이다.

산줄기는 지리학에서 논하는 산맥과 다른 개념으로 눈으로 보이는 대로 산의 능선이 이어진 형태를 말한다. 모든 산줄기는 시작과 끝이 있는데, 우리 땅 산줄기 대부분은 백두산에서부터 시작되었다. 백두산은 한반도에서 가장 높다. 높이 2750m로 예로부터 우리 민족뿐만 아니라 중국에서도 성스런 산으로 섬김을 받았다. 집 가까운 뒷산, 앞산 모든 동네의 산들이 그 뿌리를 찾아 산줄기를 이어가면 백두산과 만날 수 있다는 것이 전통 지리서 《산경표山經表》의 원리다. 《산경표》는 우리나라 산줄기의 갈래를 알기 쉽게 풀어놓은 산의 족보인데, 족보를 보면 자신의 뿌리를 이해하듯 산경표를 알면 우리 땅에 있는 산의 흐름을 한눈에 파악할 수 있다.

아이와 함께 처음 올라가는 작고 낮은 산도 멀리 있는 높고 큰 산, 백두산으로부터 이어져 내려왔다. 산과 산이 연결된 것처럼 우리도 결코 혼자가 아니다. 인생이란 그렇게 애써 높은 곳에 올라가 멀리 있는 산으로부터 이어진 희망을 발견하는 것 아닐까. 아이의 자그마한 손을 잡고 높은 산에 올라가서 보여주고, 들려주고 싶은 이야기는 도전과 용기, 고난 극복 이런 거창한 것보다 먼저 그렇게 따뜻한 희망에 대해서다.

《산경표》에 따르면 한반도의 산줄기는 백두산으로부터 지리산까지 등뼈를 이루고 있는 백두대간과 장백정간 그리고 13개의 정맥으로 이루어져 있다. 정맥들은 여러 갈래의 지맥으로 가지를 친다. 예를 들어 서울 광화문 광장에서 청와대 뒤편으로 보이는 북악산의 뿌리를 찾아보자. 북악산은 북악터널 위로 북한산 형제봉으로 이어지며 북한산은 한강 북쪽의 큰 산줄기인 한북정맥의 끝자락에 있다. 북한산에서 도봉산으로 이어지는 한북정맥의 산줄기는 휴전선 북쪽에서 백두대간과 만나 백두산으로 뻗어 간다. 이처럼 북악산에서부터 멀고 높은 백두산까지 상상할 수 있는 것이 산경표가 가진 힘이다.

이때 산경표에 나타난 산줄기는 물줄기를 가르는 경계가 되는데 이를 가리켜 산자분수령山自分水嶺이라고 한다. 산이 스스로 분수령이 되기 때문에 물줄기는 산을 건널 수 없다는 원리에 도달하는 것이다. 산줄기가 물줄기를 가두는 울타리가 되기 때문이다. 그래서 정맥의 이름 대부분은 산줄기가 길러낸 큰 강을 기준으로 불리게 되었다. 한강을 기준으로 북쪽 울타리가 되는 산줄기는 한북정맥이고 남쪽은 한남정맥이라 불리는 식이다. 금강을 기준으로 북쪽에 있는 금북정맥과 남쪽의 금남정맥이 있고, 낙동강에는 강 동쪽의 낙동정맥과 낙남정맥 등이 있다.

이렇게 우리나라 산줄기와 물줄기의 관계를 이해하면 교과학습에도 도움이 된다. 자연환경에 대한 제약이 많았던 옛사람들에게는 산줄기가 곧 삶의 경계가 되었기 때문에 이를 바탕으로 지역의 역사와 문화를 들여다보는 것이 중요하다. 예를 들면 신라가 역사의 중심 무대인

한강 유역으로 가장 늦게 진출했던 것도 백두대간이라는 어마어마한 장벽 때문이었다는 사실이 산줄기의 흐름에 드러난다.

산은 골짜기마다 흘러내린 빗물을 계곡으로 모아 개울을 거쳐 강으로 흐르게 한다. 강은 산에서부터 태어났고 산과 바다를 이어주는 젖줄이다. 결국 산과 강과 바다가 하나로 연결된 것이다. 이처럼 산에 오르면 산과 산이 연결되어 있다는 사실에서 한 걸음 더 나아가 산과 물이 하나로 밀접하게 이어져 있다는 사실도 이해하게 된다.

푸르게 산이 살아 있어야 산과 연결된 바다도 건강하다. 《숲은 연어를 키우고 연어는 숲을 만든다》는 책의 제목처럼 동해에서 강원도 양양 남대천으로 연어가 돌아오는 것은 설악산이 살아있기 때문이다. 서울의 한강을 가두고 있는 남과 북의 관악산과 북한산 산줄기들이 서해를 살리는 버팀목인 것이다.

산줄기는 물줄기를 모으는 것 외에도 그 안에 기대 사는 사람들의 생활과 문화를 아우르는 울타리다. 그래서 높은 산줄기를 경계로는 사람들의 삶이 크게 달라진다. 백두대간으로 나뉘는 경상도와 전라도 사람들의 사투리와 음식 등의 차이는 산이라는 높은 장벽을 오랜 시간 넘지 못했기 때문에 생겼다. 이렇듯 우리 땅의 산줄기를 이해하게 되면 지리와 역사, 사회와 문화를 공부하는 혜안이 열린다. 그러나 무엇보다 중요한 것은 내가 오른 산으로부터 산줄기를 이해하듯, 작은 부분에 갇혀 있던 일상의 생각이 전체를 통찰하는 열린 사고로 확장되게끔 하는 일이다.

등산은 극한 생활의
기술이다

산은 울타리가 없는 학교다. 그러나 정해진 규율이 없고 남과 경쟁하는 순위를 매기지도 않는다. 교사와 학생이 따로 구분되어 있지 않다는 것도 일반 학교와 큰 차이점이다. 등산은 산이라는 거친 자연으로부터 배우지만 함께 산을 오르는 동료와 무엇보다 산과 만나는 자기 자신으로부터 가장 크게 배운다. 그런 면에서 산에는 학교보다 큰 배움이 있다.

　등산을 통해 우리는 극한 생활의 기술을 배우게 된다. 등산이 단순히 높은 산에 올라가는 것으로 그치지 않기 때문이다. 크고 높은 산을 안전하게 오르려면 기본적으로 자기가 먹을 식량과 옷가지를 싸서 가야하고, 때론 산에서 잠을 잘 수 있는 준비까지 갖추어야 한다. 말하자면 등산은 산으로 '의식주를 이동'하는 기술이다. 그런데 산은 평지와 달리 날씨가 변화무쌍하고 불확실한 위험들이 곳곳에 숨어 있다. 그 때문에 극한 환경의 산에서 생존의 기술을 익힌 사람은 평범한 일상생활에 대한 적응력이 뛰어날 수밖에 없다.

뛰어난 등산가들 가운데는 최소한의 도구만 가지고도 척박한 산 생활을 즐겁게 꾸려나가는 경우도 있다. 물이 없는 겨울 산에서는 눈을 녹여 식수를 구하고, 비에 젖은 나뭇가지를 모아 모닥불을 피울 수도 있으며, 최악의 경우에는 텐트 없이도 산에서 따뜻한 잠자리를 만들 수 있어야 한다. 산에서 텐트를 칠 수 있는 캠프사이트를 찾는 일은 등산가에게 중요한 기술이다. 가족이 평안하게 살 집을 구하는 것이 가장의 생활력인 것처럼 등산의 리더에게도 캠프를 세우는 능력이 중요하다. 비바람과 눈사태를 피하고 계곡 물의 범람으로부터 안전한 곳을 찾아 휴식처를 마련할 수 있는 것은 오랜 산 생활의 경험으로부터 쌓이는 숙련된 기술이기 뒷받침되기 때문이다. 캠프에서 충분한 휴식과 숙면은 산행 안전에도 영향을 미친다.

물론 아이를 데리고 전문산악인의 산 생활과 같은 극한 체험을 함께할 수는 없다. 그렇지만 가족 등산에 자신감이 생기면 산에서 하룻밤을 자는 1박 2일 산행만은 꼭 도전해보자. 샘에서 물을 길어오고 버너로 불을 피워 코펠에 밥을 지어먹는 단순한 산 생활을 경험해보는 것이 아이들에겐 큰 도움이 된다. 전기와 수도를 마음껏 쓸 수 없는 환경에서 모든 것을 스스로 해결해야 하는 대피소 생활을 통해 사소한 일상의 고마움을 배우게 될 것이다. 또 자연과 깊이 만나면서 불편하지만 단순한 삶이 주는 강렬한 메시지를 체험해보는 것은 아이의 인생에 소중한 자산이 된다.

아이들과 산에서 자려면 국립공원에 있는 대피소를 이용하거나 등산로 입구에 있는 야영장에서 캠핑을 해야 한다. 현재 우리나라 국립공원이나 대도시 근교의 유명산은 지정된 장소 외에는 취사와 야영을 엄격하게 금지하고 있기 때문이다. 야생의 거친 생활을 즐기며 자유로운 모험을 하는 일은 사실상 불가능하다. 바꾸어 말하면 초보자들도 산에서 먹고 자는 일이 안전하게 관리된다는 뜻이다. 국립공원의 경우 등산로 입구에서 대피소 예약을 하지 않은 사람들의 안전을 위해 일몰 시각이 가까워지면 입산 자체를 막고 있을 정도다.

요즘은 캠핑이 가족의 놀이문화로 유행하고 있다. 하지만 대부분 캠핑을 위한 캠핑, 또는 바비큐 파티를 위한 수단으로 보인다. 자동차로 많은 짐을 옮기는 오토캠핑은 점점 자연 속으로 집의 편리함을 그대로 옮겨놓는 식으로 변하고 있다. 하지만 원래 캠핑은 높은 산에 안전하게 올라가기 위해 베이스캠프(등산이나 탐험할 때 근거지로 삼기위해 설치하는 막사)를 세우는 목적으로 시작된 고유한 등산 기술이었다.

산에서도 등산로 입구 캠핑장에 텐트를 치고 산행을 할 경우에는 무거운 짐은 베이스캠프에 두고 가볍게 오를 수 있다. 그러나 산 위에 있는 대피소를 이용하려면 침낭과 매트리스 같은 잠자리와 취사도구까지 모두 메고 올라가야 한다. 평소 간단한 도시락만 들고 산을 오르던 것과는 차원이 다른, 본격적인 등산이 시작되는 것이다. 이때 산 생활은 단순한 것이 생명이다. 스스로 모든 짐을 지고 이동해야 하므로 간

소하고 가볍게 배낭을 꾸리는 것이 중요한 기술이 된다. 산으로 가는 배낭을 꾸릴 때마다 일상의 편리함과 욕심을 버리고 비우면서 몸과 마음은 한결 가벼워진다. 대신 산이 주는 맑고 강인한 정신을 충전해 일상으로 되돌아올 수 있다. 그래서 수많은 사람이 기도하는 심정으로 산으로 달려가고 있는 것이다.

방학이면 지리산에서 초등학생 자녀와 등산하는 가족들을 종종 만난다. 가족과 지리산 천왕봉에 한 번 올라가 보는 게 소원인 부모들이 이뤄낸 작고 소박한 기적이다. 한라산을 제외하면 육지에서 올라갈 수 있는 가장 높은 곳, 1917m 지리산 정상에서 '한국인의 기상 여기서 발원하다.'라고 쓰인 정상석을 앞에 두고 가족사진을 찍고 싶은 마음. 가족 중 누군가는 그 설레는 순간을 위해 오래도록 식구들을 설득했을 것이다. 부모가 줄 수 있는 이보다 가슴 찡한 선물이 다시 없다고 생각했을 테니까.

물론 아이들에겐 쉽지 않은 여정이다. 그렇지만 높은 산에서 주먹만 한 별들이 쏟아져 내리는 밤하늘을 보고, 어둠을 뚫고 솟아오르는 태양을 만나고, 땀이 흠뻑 젖은 이마를 스쳐 가는 한 줄기 바람과 산새 소리 그리고 대피소에서 끓여 먹은 어느 때보다 맛있던 라면까지 그 모든 것들은 아무나 맛볼 수 있는 것이 아님을 알게 될 것이다. 그리고 그 작은 기적을 이룬 것이 자신의 두 다리와 의지의 힘이었다는 사실은 커다란 자부심이 될 것이다.

자연의 방식에 따라
스스로 돌보는 법을 배운다

알리슨 하그리브스와 제임스 발라드의 등산육아

제임스 발라드의 책 《엄마의 마지막 산 K2》는 엄마가 사고로 세상을 떠난 산을 보기 위해 아빠와 함께 히말라야 트레킹을 다녀온 6살과 4살 된 남매의 이야기다. 영국의 전설적인 여성 산악인 알리슨 하그리브스가 바로 아이들의 엄마였다. 그녀는 세계에서 두 번째로 높은 산 K2 등반 도중 세상을 떠났다.

알리슨은 첫 아이 톰을 임신한 지 6개월이 되었을 때 알프스의 3대 북벽 가운데 하나인 아이거 북벽 등반으로 세상을 발칵 뒤집어 놓았다. 그의 등반은 당시 사회적으로 아기를 가진 부모의 자질에 대해 뜨거운 논란거리를 안겨주기까지 했다. 하지만 남편은 세상 사람들의 입방아에 아랑곳하지 않고 프로산악인인 아내가 조금이라도 아이들과 함께 보낼 수 있는 시간을 늘려주기 위해 내조를 아끼지 않았다. 아빠가 자녀들을 보살피면서 아내의 등반여행에 늘 함께 한 것이다.

엄마가 1994년 에베레스트를 무산소로 등반한 세계 최초의 여성이 되었을 때도 아이들은 아빠와 함께 베이스캠프에 머물렀다. 안전한 곳에서 아빠와 야영을 하면서 엄마가 높은 산에서 빨리 돌아와 자신들과 함께 놀아주기를 기다린 것이다. 안전한 곳이라고는 하지만 에베레스트의 베이스캠프는 어른들이 두 다리 뻗고 지내기에도 녹록한 환경이 아니다. 풀과 나무가 자라지 못하는 눈과 바위와 얼음뿐인 높은 땅의 희박한 대기에서는 건강한 사람도 오래 견디기 어렵다. 과연 옳은 선택이었을까.

정도의 차이는 있지만 이들처럼 아이를 데리고 산에서 휴가를 보내는 산악인들이 많다. 엄마나 아빠가 등반하는 동안 아이는 또래 친구들과 야영장을 놀이터 삼아 산에서 뛰어논다. 그들 부모 대부분 아이가 자라면 더 멀고 높은 산에 함께 갈 수 있기를 꿈꾼다. 그렇지만 선택은 아이들 각자의 몫이라는 사실을 모르지 않는다.

알리슨과 제임스 부부는 자신들의 육아 방식에 대해 단지 아이들이 '드넓고 야생적인 곳에서, 자유롭게, 모험을 즐기고, 자연의 방식을 따라 스스로를 돌보는 방법을 배우면서' 자라기를 바랐기 때문이라고 말했다. 아이들에게 자신이 원하는 일을 하면서 행복해하는 부모의 모습을 있는 그대로 보여주는 것이 소중하다고 생각했기 때문이다.

심지어 제임스는 산에서 죽은 아내를 떠나보내면서도 앞으로도 변함없이 아이들과 함께 등산을 계속하겠다며, 이렇게 다짐했다.

★아이들이 더 자라면 무엇을 해야 할 것인가를 스스로 결정하겠지만, 그동안에는 이보다 더 좋은 양육과 교육 방식은 생각해볼 수 없다. 후일 아이들이 목수나 요리사가 되고 싶어 한다면 그것은 그들의 선택이다. 그동안에는, 아이들에게 이 세계가 보여줄 수 있는 것을 맘껏 보게 하리라. 그것은 엄마의 길을 따라 톰과 케이트를 산으로 보낸다는 뜻이 아니다. 알리슨과 나는 아이들에게 등반을 하라고 권한 적은 없었지만, 만약 그들이 그것을 하고 싶어 한다면 스스로 자연스럽게 등반으로 이끌려 갈 것이라고 느꼈을 뿐이다.…(중략)… 나는 그들에게 삶의 방식을 강요하지 않으면서 가능한 한 모험적인 인생을 제시할 뿐이다.

알리슨 하그리브스가 죽은 다음에도 장남인 톰은 "엄마가 에베레스트와 K2의 꼭대기까지 올라갔다는 사실을 '훌륭한 일'로 생각했다"고 말했다. 톰은 6살 때 엄마가 올라갔던 산들을 두 눈으로 직접 본 아이

★ 《엄마의 마지막 산 K2》 304쪽, 제임스 발라드 지음, 눌와 펴냄.

였다. 그때의 느낌을 "K2는 세상의 절반처럼 대단히 큰 것이고, 에베
레스트는 세상보다 더 큰 것"이라고 했다.

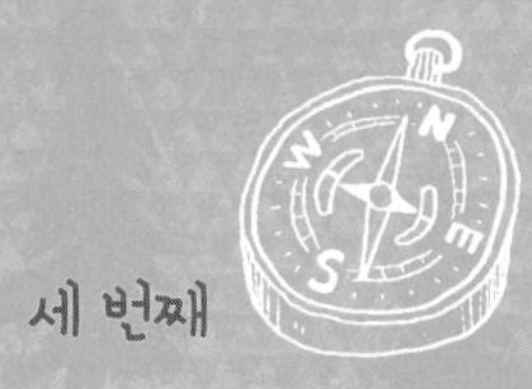

언제부터 어디까지
누구라도 갈 수 있을까

우리의 첫 번째 철학 스승은
우리 발이다.

●루소●

태교부터
시작할 수 있다

"몸이 무겁다고 가만히만 있으면 안 돼요. 땀이 삘삘 날 정도로 줄넘기라도 해야죠."

첫아이를 임신하고 있을 때 산부인과 의사가 충고한 말이다. 태아가 머리를 자궁 입구 쪽으로 돌려 출산에 필요한 바른 자세를 잡기 전이었다. 산모의 몸무게가 늘면 임신중독의 위험도 커지기 때문에 적절한 운동을 계속하라는 뜻이었다.

무거운 배를 출렁이며 줄넘기를 할 수 없어서 대신 집 근처 산을 오르기 시작했다. 주로 주말을 이용해 남편과 함께 가까운 관악산 자락을 두어 시간 정도 산책하고 돌아왔다. 의사가 요구한 규칙적인 운동으로는 부족했을 것이다. 그러나 출산 직전까지 지하철과 버스를 갈아타며 멀리 출퇴근을 하는 동안 많이 걸어 다녀야 했고, 운동보다 휴식이 간

절할 때였다.

　일터를 오가기 위해 번잡한 도심을 걷는 일과 산속을 오붓하게 걷는 것은 전혀 다른 느낌이다. 걷기가 이동을 위한 수단이 아니라 걷기 자체가 목적이 되면, 그때부터는 걷는 일이 명상이고 휴식이면서 여행이 된다. 숲에서 맑은 공기를 마시고 자연의 소리에 귀를 기울이며 걷는 순간만큼 평화로운 것은 없다. 그렇게 산에 있으면 태교라는 이름으로 뭔가를 따로 할 필요도 없었다.

　같은 산을 똑같은 길로 올라간다고 해도 매번 느낌이 다르고, 순간순간 걸음마다 달라지는 풍경이 기분을 새롭게 한다. 목표를 정해놓고 반드시 정상까지 기를 쓰고 올라갈 필요도 없다. 그날의 몸 상태에 따라 오를 수 있는 만큼만 오르고 적당한 곳에서 쉬면 충분하다.

　등산은 평지에서 걷는 것과 다르기 때문에 특히 발 디딤 하나에도 신경을 써야 한다. 자연히 높고 어려운 길일수록 자신의 발걸음에 집중하게 된다. 자기 걸음걸이에 집중하다 보면 저절로 마음이 차분해지고, 복잡하던 생각들이 단순해진다. 근심이나 걱정이 있을 때 산길을 오래 걷고 나면 엉켜있던 실타래가 풀리듯 가슴에 맺힌 응어리들도 스르르 녹아내리는 것도 그런 이유 때문이다.

　임신한 상태로 산길을 걷는 일은 둔중한 몸까지 살펴야 해서 걸음걸이가 더욱 조심스러울 수밖에 없다. 한 걸음 한 걸음 발을 내디딜 때마다 땅을 살피며 걷는 것은 걸으면서 기도하는 수행자의 마음과 다르지

산에 가면 뱃속 아기를 위해 애써 뭔가를 준비하지 않아도 된다.
숲의 맑은 대기와 깊이 호흡하는 것만으로도 임산부의
우울증과 불안한 마음을 해결하는 데 큰 도움이 된다.
시작은 그렇게 산에 가면 기분이 좋아지는 경험만으로 충분하다.

않다. 그때 뱃속의 아기와 가장 많은 이야기를 나눌 수 있다. 물론 엄마의 목소리를 직접 들려주는 태담이 아니어도 좋다. 신생아는 자궁 속에서 들었던 소리를 구별하고 기억한다는 실험 결과도 있다. 하지만 산모 마음속 이야기는 소리가 아니어도 뇌파와 여러 가지 신경전달물질 등 알 수 없는 생명현상의 다양한 경로로 아기에게 파장을 일으킨다. 그곳이 산이라면 엄마와 아기 사이 교감은 훨씬 풍부하지 않을까.

임산부의 정신 건강을 위해서도 등산은 좋은 운동이다. 갑갑한 실내에서 똑같은 동작을 지루하게 반복하는 것보다 즐겁다. 전문가들 역시 산모의 울적한 마음을 달래기 위해서도 태양이 비추고 바람이 불어오는 산과 들판으로 자주 나가라고 권한다.

등산 경험이 없고, 심지어 산을 싫어하는 부부라면 아기가 태어나기 전에 꼭 한 번이라도 산을 만나보라. 우리 조상들은 아기를 가지면 큰 산의 아름드리나무를 찾아가 치성을 드리기까지 했다. 아무리 귀찮은 일이라도 아기를 위해서라면 누구든 팔을 걷어부치게 될 테니까 오히려 어느 때보다 쉽게 산으로 다가갈 수 있다.

산에 가면 뱃속 아기를 위해 애써 뭔가를 준비하지 않아도 된다. 숲의 맑은 대기와 깊이 호흡하는 것만으로도 임산부의 우울증과 불안한 마음을 해결하는 데 큰 도움이 된다. 시작은 그렇게 산에 가면 기분이 좋아지는 경험만으로 충분하다.

아이를 몇 살부터
산에 데려갈 수 있을까

부모가 아기를 데리고 자유롭게 바깥 외출을 할 수만 있다면 언제든지 등산도 할 수 있다. '언제부터 아이를 산에 데려가도 될까요?'라는 질문에 대한 답은 부모 자신에게 달려 있다. 아이가 제 발로 충분히 걸을 수 있을 때까지는 전적으로 부모 힘으로 등산의 전 과정을 책임져야 하기 때문이다. 자기 힘으로 걷는 아이들이라도 어느 순간 힘에 부쳐 안거나 업어달라고 보채는 것을 막을 도리가 없다.

아이들은 생각보다 빨리 지친다. 반면 회복도 빠르다는 게 장점이다. 다만 어른과 신체조건이 다른 아이들에게 어떤 예기치 못한 일이 일어날 수 있을지 몰라 불안할 뿐이다. 그러므로 산행에서 아이의 안전에 대한 책임은 모두 부모 몫이다.

시중에는 백일 이후부터 두 돌 전후까지 사용할 수 있는 등산용 베이비캐리어가 많이 나와 있다. 그만큼 의욕적인 부모들이 일찌감치 아기를 업고 산으로 향한다는 뜻이다. 그런데 등산용 캐리어의 무게만 해도 2~3kg 정도니까 아기까지 업는다고 생각하면 최소한 10~20kg의 등짐을 메고 자유롭게 걸을 수 있어야 한다. 아빠가 아기를 등산용 캐리어에 업는다면 엄마는 물병과 간식이 든 배낭을 따로 멜 수 있어야 한다.

아이에게 좋은 경치를 보여주겠다고 무리하게 높은 산에 가려고 하지 마라.
아기 때부터 이 산 저 산 부지런히 업고 다녔다고 해도
아이들이 기억할 수 있는 것은 자기 발로 걸어 올라가면서 땀을 흘린 산들이다.

같은 무게의 짐이 가득 든 배낭은 쉽게 메지 못해도 자식을 업는 데는 없던 힘도 생겨나는 게 부모다. 그렇다고 의욕만 넘쳐 자기 체력의 도를 넘는 산행을 해서는 안 된다. 등산은 출발할 때의 몸 상태만으로 전체를 가늠할 수 없다. 산행 시간이 길어질수록 체력이 떨어질 것이고, 날씨와 기온이 악화되면 피로가 가중된다. 또 무엇보다 중요한 것은 아이가 어릴수록 부모에게는 항상 자신만의 등산 체력 '플러스알파'가 필요하다는 사실이다.

어린아이는 등에 업힌 채로 출렁거리며 산길을 걷다 보면 금세 잠이 들기 쉽다. 이때 가파른 길을 오르내리느라 심하게 흔들리는 것은 아기에게 좋지 않다. 그러니 아기에게 좋은 경치를 보여주겠다고 무리하게 높은 산에 가려고 하지 마라. 그냥 아기를 등에 업고라도 산을 찾아갈 때는 일상의 공간과 다른 산의 기운을 만나는 것에 만족해야 한다. 아기 때부터 이 산 저 산 부지런히 업고 다녔다고 해도, 아이가 기억할 수 있는 것은 자기 발로 걸어 올라가면서 땀을 흘린 산들이다.

아기와 함께하는 등산은 숲에서 깨끗한 공기와 맑은 기운으로 몸과 마음을 샤워한다고 생각하면 된다. 욕심을 부려 높이 올라가기보다 산 중턱이라도 아이와 함께 쉬고 놀며 즐기는 데 집중한다. 예를 들어 양지바른 숲에서 겉옷을 벗겨 맨살로 풍욕을 시키면 아이는 피부로 먼저 산을 만나고 느낄 수도 있다.

그러나 체온조절 능력이 떨어지는 아이를 어른과 똑같이 산의 추위와 더위에 장시간 노출시키는 것은 바람직하지 않다. 코오롱 등산학교 이용대 교장은 "걷지 못하는 어린이는 힘든 산행에 동반하지 말아야 한다. 어떤 어른들은 추위 속에서 어린이를 캐리어에 업고 가기도 한다. 그러나 이런 일들은 어린이의 혈액순환을 방해해 급속하게 체온을 떨어드리기 때문에 매우 위험하다."라며 만류한다.

캐리어에 업고 낮은 산을 가볍게 산책하는 정도라고 해도, 혼자 의사표시를 정확히 할 수 없는 어린아이라면 부부가 함께 돌봐야 한다. 캐리어를 맨 사람은 등 뒤에 있는 아이의 상황을 볼 수 없기 때문이다. 뒤따라가는 사람이 아이 상태를 꼼꼼하게 살펴야 안전하다.

산에서 어른과 아이의 신체 반응은 어떻게 다를까

등산을 하다 보면 육중한 체구로 숨을 헐떡거리는 어른들과 달리 날다람쥐마냥 가볍게 산길을 오르내리는 어린이들을 종종 만나게 된다. 체구는 작지만 어린이들은 순발력과 회복력이 강하기 때문에 의외로 가볍게 산을 오른다. 사실 산을 오르는 능력은 개인의 체력과 의지에 따라 달라지기 때문에 나이가 큰 변수는 아니다.

하지만 등산에서 중요한 체온조절능력은 나이에 따라 분명한 차이가 있다. 어린이는 기초대사율이 높아 아무것도 하지 않아도 기본적으로 체온을 유지하는 데 많은 에너지를 사용한다. 더구나 성장기에는 체온조절중추의 기능이 완성되지 않았다. 그래서 아이들은 어른보다 기초체온이 높고 조금만 움직여도 온몸이 땀에 젖는 경우가 많다. 어린이의 신체는 85% 가까이 수분으로 이루어져 있는데, 땀을 많이 흘리는 만큼 몸에서 수분을 빼앗기는 속도도 빠르다. 그래서 더운 여름철 야외 활동을 할 때는 특히 물을 자주 마시게 해주어야 한다.

또한 산에서는 땀이 마르는 동안 급격하게 체온이 떨어지기 때문에 보온에도 특별히 신경 써야 한다. 등산은 몸을 잘 식히고 데우는 일을 부지런히 해서 적정체온이 유지되도록 하는 게 중요한 기술이다. 등산의류 대부분이 빠르게 건조되는 기능성 섬유를 사용하는 이유도 산에서는 체온유지가 안전에 직결되기 때문이다. 아이들은 이런 상황을 스스로 판단하고 해결하기 어렵다. 결국 부모가 등산이 끝날 때까지 아이의 몸 상태를 관찰하고 보살펴야 한다.

산행에 지친 어린이는 신체조절 능력이 떨어지면서 판단력도 흐려진다. 기본적으로 상황판단이 미숙한 상태이기 때문에 자신의 몸 상태를 정확하게 알지 못할뿐더러 제대로 표현도 하지 못하는 것이다. 평소에도 잘 놀던 아이가 갑작스레 짜증과 투정이 는다는 것은 그만큼 몸이 아프거나 지쳐있다는 신호다. 그래서 산에서는 아이의 기분이 어떤지 평소보다 세심하게 살펴야 한다.

어린 자녀를 데리고 등산을 하면서 만나게 되는 낯선 어른들은 아이들을 쉽게 칭찬한다. 지쳐있는 아이를 만나면 오히려 격려하려고 애써 더 칭찬하는 경우도 있다. 어른들은 산에서 만나는 아이들은 누구나 그 자리에 있는 것만으로도 기특하고 대견하게 생각하기 때문이다. 그런데 어쩌면 저 아이가 지치면 부모가 등산을 포기해야 할 텐데 하고 지레 걱정하는 것은 아닐까. 남의 아이를 지켜보면서 자식의 실패를 두려워하는 부모의 마음이 투사되는 것은 아닐까.

물론 아이들은 칭찬에 고무된다. 그것 때문에 더 빨리 올라가려고 욕심을 부리기도 한다. 하지만 '칭찬은 고래도 춤추게 한다'는 말만큼은 산에서 잊어버리자. 지치고 힘이 드는 데도 칭찬 때문에 참고 견디려다 탈이 날 수 있다. "잘한다!", "거의 다 왔어.", "조금만 더!" 이런 상투적인 말로 아이를 격려만 한다고 해서 반드시 좋은 결과가 나오는 것은 아니다. 과도한 칭찬이 결국 보이지 않는 채찍처럼 아이를 몰아세울 수도 있다. 오히려 나중에 다시는 '산에 가지 않겠다'고 역효과가 날 수도 있다. 아이들의 등산을 부모에게 칭찬받기 위해 어려움을 참고 올라가는 극기훈련으로 만들어서는 안 된다.

산에서 페이스 조절에 실패하는 것은 등산 경험이 없는 성인에게도 흔히 일어나는 일이다. 초보자일수록 초반부터 일행을 앞질러 급하게 산을 오르려다 금세 지쳐버린다. 한 치 앞을 내다보지 못하고 욕심을 부리는 것은 결국 아이 같은 행동이다. 하지만 어른과 어린이의 신체적 차이를 이해하고, 이에 따라 적절한 수분공급과 체온조절만 도와주면 어린이도 성인 못지않게 산행을 할 수 있다. 그 밖의 컨디션 조절이나 의지의 문제는 아이 같은 어른, 어른스러운 아이처럼 개인차일 뿐이다.

몸과 마음이 아픈 아이도 오를 수 있다

사람들은 암에 걸리면 제일 먼저 음식을 바꾼다. 유기농 먹거리로 건강한 밥상을 차리고, 몸을 움직이는 데 어려움이 없으면 대부분 등산을 시작한다. 많은 암환자가 좋은 먹거리와 함께 산에서 맑은 공기를 마시며 심신을 치유했다고 말한다. 실제로 대구의 한 대학병원 한방암센터에서는 대사 활성요법이란 이름으로 일주일에 세 번씩 2시간가량 함께 등산하는 것을 치료에 활용하고 있다.

암세포는 몸 안에 충분한 산소를 공급해주면 힘이 약해진다. 인체에 산소가 공급되면 에너지 대사가 활발해져 암세포를 이겨낼 수 있는 면역력도 강해지기 때문이다. 그래서 암 환자들은 인체가 독소를 배출하는 오전에 공복 상태로 맑은 공기를 마실 수 있도록 가벼운 등산을 계속하는 것이 좋다. 등산은 좋은 유산소 운동일 뿐만 아니라 아름다운 경치를 즐기며 기분 전환을 하고, 땀 흘린 만큼 성취감도 크기 때문에 긍정적인 마음을 갖게 하는 장점이 있다. 이런 마음가짐이야말로 어떤 약보다 좋은 치료제다.

등산은 암환자 치료뿐만 아니라 장애나 자폐를 가진 특수한 아동 치료에도 탁월한 효과를 발휘하고 있다. 영화 〈말아톤〉의 실제 모델인 배형진 군의 어머니도 자폐 아동에게 마라톤과 함께 등산을 적극적으로 권한다. 박미경 씨의 책《달려라! 형진아》에는 "자폐아에게 체력발산이 갖는 의미는 매우 크다. 생활리듬을 조절하고 숙면을 취하게 하며 정서를 안정시킨다. 사춘기의 성적변화가 나타나는 시기에는 더욱 체력발산이 필요"하며, 이때 등산은 어떤 운동보다 긍정적인 역할을 한다고 전한다.

매주 50여 명의 자폐아동을 데리고 산에 가면서 등산 치유전도사를 자처하는 사람도 있다. '밀알 천사 산행'을 이끄는[*] 남기철 씨는 산악회원들과 함께 2000년부터 바깥활동이 자유롭지 못한 장애 아동을 위한 산행 도우미 역할을 계속 하고 있다. 그가 산행 봉사에 나서게 된 것은 자신이 바로 자폐아를 둔 부모였고, 아들이 열세 살 때부터 꾸준히 등산을 함께하면서 서로의 마음이 열리는 것을 체험했기 때문이다.

[**]전남 여수에서 숲 교실을 운영하고 있는 베타니아 어린이집도 등

---

[*] 남기철 씨는 자폐아동과 함께 한 등산 치유의 경험을 2010년《그래서 사랑하고 그래도 사랑한다(아가페출판사)》책으로 펴내기도 했다.

[**] '개미 기어가는 소리가 들린다는 아이들, 부럽다-아름다운 여수, 아름다운 사람들 ⑦ 베타니아 김종호 이사장과 어린이들' 박용성 기자 외. 〈오마이뉴스〉 2013년 10월 16일자 기사 참조.

산의 치유활동에 대한 좋은 본보기로 언론에 자주 소개되고 있다. 이곳은 장애 아동과 비장애 아동의 통합교육을 하는 어린이집인데도 입학할 때 오히려 비장애 아동을 둔 부모들 사이에서 인기가 높다고 한다. 매일 20~30여 분 정도 자연 속으로 깊숙이 찾아 들어가는 숲 교실 수업 때문이다.

숲 교실에서는 다양한 놀이와 함께 장애 아동의 재활치료를 병행하는데, 아이들이 또래들과의 차이를 이해하면서 서로 돕는다고 한다. 서로 다른 처지의 아이들끼리 한데 어울리기까지도 그리 오랜 시간이 걸리지 않는다. 어린이집에서는 "숲 교실에서 벌레 한 마리도 함부로 다루지 않는 생명의 소중함을 몸소 체험하기 때문에 서로 다른 처지의 타인을 이해하는 데도 아이들이 쉽게 마음이 열린다"고 설명한다. 장애 아동들이 비장애 아동들과 자유롭게 어울려 놀면서 학습 효과가 높아지는 것은 기본이고, 오히려 장애가 없는 아이들이 사회성과 배려심, 리더십 등을 기르는 데 많은 도움을 받고 있다고 한다.

산에는 인간사회에서 만들어낸 차별이 없다. 서로 다르게 태어난 생명이 지닌 고유한 차이가 있을 뿐이다. 차이 때문에 오히려 더욱 풍성하고 건강해지는 것이 생태계의 힘이다. 숲으로 간 사람들 특히 몸과 마음이 아픈 어린이들은 대자연의 품에서 있는 그대로의 모습으로 자신을 사랑하게 되면서 자신을 스스로 치유하는 것 아닐까.

극기훈련캠프 보내는 대신
함께 산에 가자

의정부시 호암초등학교에는 산악인 엄홍길 씨의 동상이 있다. 반공 소년 이승복이나 세종대왕 또는 책 읽는 소녀상 같은 것이 있던 운동장을 기억하는 부모 세대에게 생존 인물로 만든 동상은 조금 낯선 풍경이다. 동상에는 소설가 김훈이 이런 글을 써넣었다.

"도봉산은 우리 학교 뒷산이다. 산악인 엄홍길은 우리 학교에서 배우고 도봉산에서 자라나 세계에서 가장 높은 히말라야 에베레스트 산에 올랐다. 우리는 모두 높고 푸르고 힘차다. 멀고 높은 곳에 우리는 오를 수 있다."

지난 2004년 한국메세나협의회에서 어린이들에게 모범이 될 만한 인물의 동상을 초등학교 교정에 세워주는 프로젝트를 시작했는데 그 첫 대상자가 엄홍길이었다. 우리나라 최초로 히말라야 14좌를 완등한 그의 도전과 개척정신이 자라는 아이들에게 본보기가 될 것이라는 점이 선정 이유였다.

과거의 산악인들은 산밖에 모르는 외골수 이미지에 생활인으로 다소 무능하다는 평가를 받기도 했다. 그러나 이제는 산악인의 도전과 용기를 높이 사는 시대가 되었다. 소수지만 프로산악인으로 경제적인 문제를 해결할 길도 열렸다. 실제로 이름난 산악인들은 기업체나 대학 등에서 리더십이나 자기계발 분야의 강사로도 인기가 높다. 하지만 스타급 프로산악인이 되는 길은 쉽지 않다. 대중이 그들에게 열광하는 것은 자신이 갈 수 없는 높고 험한 곳에 대한 열망을 충족시켜주기 때문이다. 누구도 산에서 자신의 생명을 걸고 배팅하진 않는다. 하지만 그들의 모험에는 항상 그에 상응하는 위험이 뒤따른다.

우리가 아이들에게 바라는 것은 학교 뒷산에서 세계의 지붕인 히말라야까지 꿈을 확장할 수 있다는 무한한 가능성과 진취적인 생각을 갖는 일이다. 강인한 정신의 근력이 필요한 것이지 엄홍길을 본받아 누구나 프로산악인이 될 필요는 없다.

비슷한 목적으로 어른들은 해병대 캠프, 병영체험, 국토순례 같은 극기 훈련 프로그램을 아이들에게 권한다. 이를 통해 리더십과 공동체 의식 그리고 고난을 극복하는 강인한 정신이 길러질 것을 기대한다. 그런데 이런 현장에서 심심치 않게 안전사고가 발생하고 있다. 한여름 뙤약볕 아래서 무리한 행군을 하다 아이들이 열사병으로 쓰러지고, 최근에는 학교에서 단체로 참가한 병영체험 행사에서 고등학생들이 파도에 휩쓸려 목숨을 잃는 사고까지 발생했다. 과거에는 사업자등록만 하면 누구나 쉽게 사설 캠프를 운영할 수 있다 보니 인명보호에 대한 안전장치 없이도 열악한 시설과 부실한 식사마저 참고 견디라고 강요하는 식이었다.

극기 훈련 캠프에서 목숨을 잃은 아이들은 어른들의 그릇된 생각이 만들어낸 안타까운 희생양이다. 도대체 자라는 아이들에게 며칠 간 호된 훈련으로 군기를 바짝 들게 해서 기대할 수 있는 인성교육이란 게 무엇일까. 아이들이 병영체험으로 두려움을 극복하고 강인해지기를 바란다지만 혹시 가정과 학교 나아가 사회가 요구하는 덕목 앞에 고분고분해지기를 원하는 것은 아닐까. 이 경우 아무리 자연에서 이루어지는 체험활동이라고 해도 아이들이 느끼는 산과 들판은 자유를 구속하는 감옥과 다를 바 없다. 아이들은 학교에서 이미 충분히 스트레스를 받고 있다. 자연과 만나면서까지 싸워서 이겨내야 한다는 식으로 아이들을 다그치지 말아야 한다.

우리 아이들이 자연을 만나는 방식은 달라야 한다. 자연과의 만남은 즐거움이 우선이다. 산과 들판과 바다를 즐기게 되면 그곳에서 자연스럽게 만나게 되는 어려움은 오히려 문제를 해결하는 동안 성취감을 맛보게 할 수 있다. 하지만 억지로 만들어낸 인위적인 고통이 아이들을 단련시켜 줄 것이라고 믿는다면 오산이다. 애써 자연을 만나는 아이들에게 발맞춰 행진하는 노예의 습성을 가르칠 필요는 없다. 아이들에게 자연은 전쟁터가 아니다. 우선 배움이 있는 학교이고, 아픈 마음과 관계를 치유하는 병원이어야 한다.

자연을 이기고 정복해야 하는 대상으로만 바라보던 것은 과거의 유산이다. 인간과 자연을 서로 대결하는 존재로 바라보던 낡은 생각 때문에 오늘날 심각한 생태계 파괴와 환경문제들이 생겨났다. 우리 아이들

애써 자연을 만나는 아이들에게 발맞춰 행진하는 노예의 습성을
가르칠 필요는 없다. 아이들에게 자연은 전쟁터가 아니다,
우선 배움이 있는 학교이고, 아픈 마음과 관계를 치유하는 병원이어야 한다.

의 미래에는 자연과 인간의 조화로운 공존의 문제가 더욱 중요하다. 등산을 통해 아이들이 배워야 할 덕목도 자연과 조화를 이루며 성장하는 법이지 자연을 정복하고자 하는 낡은 문화는 아니다.

부모가 등산 초보자라서 좋은 이유도 있다

우리나라에는 원래 등산이란 말이 따로 없었다. 수도자들이 수행을 위해 깊은 산중으로 들어가거나 철 따라 경치 좋은 곳으로 산놀이를 떠나는 게 전부였기 때문에, 등산보다 입산入山이나 유산遊山이라고 했다. 대신 좋은 계절에 높은 곳에 올라가 먹고 즐기는 등고登高라는 세시풍속이 있었다. 진달래 필 때 산을 찾는 화전놀이처럼 국화가 만발한 음력 9월 9일이면 높은 곳으로 올라가는 것이다.

진달래가 환하게 불을 밝히는 봄 산이나 단풍으로 울긋불긋 타오르는 가을 산으로 소풍을 떠나고, 여름이면 무더위를 피해 서늘한 계곡에 발을 담그며 자연스레 산을 만나는 것은 아이를 가진 부모라면 한번쯤 해보는 일이다. 그러나 누구나 할 수 있는 소풍에서 조금 더 높은 곳까지 올라가는 사람이 있는가 하면 평생 산 주변 유원지와 맛집만 다녀가고 마는 이들도 있다. 결국 부모에 따라 눈앞에 있는 높은 산을 바라만 보는 아이들이 있는가 하면 꼭대기까지 제 발로 걸어 올라가 발 아래 펼쳐지는 전혀 다른 풍경을 내려다볼 수도 있다.

물론 케이블카를 타고 오를 수 있는 산도 많이 있다. 가까운 서울 남산 타워나 설악산 소공원에서 케이블카를 타고 권금성 전망대에 오르거나 무주리조트에서 곤돌라를 타고 덕유산 설천봉에 오를 수 있다. 하지만 케이블카 유람으로는 자기 힘으로 설악산과 덕유산의 최고봉인 대청봉과 향적봉 정상에 올라가 본 사람이 누리는 기쁨과 성취를 알수 없다.

그런데 꼭 산을 좋아하는 부모의 아이들이 산을 좋아할까. 분명한 것은 부모의 취향은 충분조건일 뿐 필요조건은 아니라는 사실이다. 오히려 부모가 좋아하는 것을 아이에게 강요해 역효과가 나는 경우도 있다. 어린 시절 등산용 캐리어에 업고 안고 산으로만 끌고 다닌 산악인의 아이들이 사춘기 이후에는 산이라면 고개를 절레절레 흔들기도 한다. 흥미로운 것은 그렇게 산이 싫다고 하던 아이들도 언젠가는 제 발로 다시 산을 찾는 경우가 많다는 사실이다. 실제로 등산을 하면서 만나게 되는 많은 사람이 어린 시절 부모님과 함께 산에 올라갔던 추억을 그리워했다.

편식 습관은 부모가 돌 전후로 아기에게 먹인 이유식과 어느 정도 관련이 있다고 한다. 태아는 엄마가 임신 중에 좋아하거나 싫어한 음식의 맛도 기억하고 있기 때문에, 가능한 다양한 맛을 골고루 경험할 수 있도록 하라고 육아전문가들은 말한다. 부모가 아이들에게 다양한 체험활동 기회를 만들어주기 위해 노력하는 것도 편식을 막고 균형 있는 식단을 꾸리려는 마음과 같다. 나이 들어서는 어린 시절 어머니의 손맛이 담긴 소박한 음식을 그리워하게 되는 것처럼, 설령 따분하고 고생스러웠던 산행이라도 추억으로 남겨주고 싶은 게 부모 마음이기 때문이다.

그런데 아무리 등산이 좋다고 해도 부모 스스로 산에 올라가는 일을 싫어한다면 곤란할 수밖에 없다. 아이를 위해 이제부터 산과 친해져 보려고 해도 어떻게 시작해야 할지 몰라 난감할 수도 있다. 그렇다고 해도 크게 걱정할 필요는 없다. 오히려 부모와 아이가 함께 시작하기에 등산만큼 좋은 것이 없기 때문이다.

등산이야말로 부모가 일방적으로 가르치는 것이 아니라 함께 배워나가며 즐거움을 공유하는 활동이기 때문이다. 아이와 보폭을 맞추고 눈높이를 낮추어 산에 올라가면 함께 하는 산행이 편안하다. 산을 만만하게 바라보고 처음부터 겁 없이 달려드는 사람보다 오히려 자신을 낮추어 느리고 조심스레 산을 만나는 사람이 지치지 않고 더 오래 걸을 수 있다.

아이와 어디까지
함께 갈 수 있을까

등산을 시작한 사람들이 더욱 높은 산을 갈망하는 것은 당연한 일이다. 같은 산이라도 다른 길로 오르고 싶고, 아직 가보지 못한 봉우리가 늘 궁금한 법이다. 그런데 부모와 함께 등산을 시작한 아이들의 마음도 그럴까. 아이들은 한동안 부모가 선택한 대로 따라갈 수밖에 없다.

 *1997년 12살 김준현 군이 가장 많은 산을 등정한 어린이로 한국 기네스 기록에 오른 일이 뉴스가 되었다. 김 군은 6살 때 아버지와 형을 따라 속리산 문장대에 오른 게 생애 첫 등산이었는데, 그 후 특별한 일이 없는 한 주말마다 가족과 함께 산을 찾았다고 한다. 스스로 목표를 세우고 도전을 시작한 것은 초등학교 입학할 무렵이었다. 평소에도 집 가까운 곳에 있는 경주 남산과 토함산을 즐겨 오른다고 했지만, 전국 100여 개의 산을 찾아다니는 장거리 산행은 부모의 뒷바라지로 가능했다.

 등산을 좋아하는 부모 입장에서야 아이가 산을 좋아하고 그 속에서 자신만의 목표를 세워 도전까지 한다니 뿌듯했을 것이다. 아이가 기록을 세우기까지 어떤 형태로든 산을 좋아하는 부모의 뜻이 크게 작용했

★ '105번째 山(산)오른12살 어린이 경주 유림초등교 김준현 군' 1997.8.25 동아일보 35면 기사 참조.

산을 만만하게 바라보고 처음부터 겁 없이 달려드는 사람보다
오히려 자신을 낮추어 느리고 조심스레 산을 만나는 사람이 지치지 않고
더 오래 걸을 수 있다.

을 것이다. 어린 나이에 기록보유자가 돼 신문을 떠들썩하게 했던 소년이 어른이 되었을 지금은 어떤 모습으로 산을 만나고 있을까 궁금하다.

그보다 먼저 1995년에는 9살 아들을 세계 최연소 킬리만자로 등정자로 이름을 올린 열성 아버지가 화제가 된 일도 있다. 김태웅 씨는 3살 난 아들 영식 군을 등에 업고 일본 후지 산에 오르기 시작해, 8살 때 알프스 마터호른에 데려갔고 이듬해 아프리카 최고봉 킬리만자로에서 기네스 기록을 세우도록 도왔다. 아들 영식 군의 등반은 과거 우리나라 고등학교 영어 교과서에 실리기도 했다. 하지만 당시 일각에서는 부모의 욕심 때문에 어린아이를 너무 고생시키는 것 아니냐는 비판도 있었다.

하지만 *김영식 군은 나중에 대학생이 되어 세계 최연소 7대륙 최고봉 등정자가 되고 싶다는 꿈을 밝히며 다시 한 번 언론에 모습을 드러내기도 했다. 그는 신문과의 인터뷰에서 자신의 목표는 프로산악인이 아니라 다만 '산을 좋아하는 사람으로 이루고 싶은 인생수련의 한 방편'이라고 말했다.

**그는 대학입학 당시 경북대학교 웹진에 '이색 새내기'로 인터뷰를 하면서도 "어린 나이에 세계 여러 산을 등정했기 때문에 대부분 사람들은 제가 굉장히 특별한 사람일 것으로 생각하시는데 저는 아주 평범

★ '경북대 김영식씨, 세계 최연소 7대륙 최고봉 등정 나선다' 2005.3.8 한겨레.

★★ KNU 웹진 '잠깐 만나요-학업과 세계 신기록 두 마리 토끼를 한거번에 잡고 싶어요' 글 학생 리포터 방그래 기사 참조.

한 사람이에요. 귀신을 무서워할 정도로 겁도 많은데, 제가 단지 여러 분들보다 먼저 시도를 한 것에 불과하죠."라고 말하기도 했다. 킬리만 자로를 오르는 일은 의지를 가지고 꾸준히 노력한다면 누구나 쉽게 정 상에 오를 수 있다고도 덧붙였다.

아이들이 스스로 올라갈 수 있는 산은 과연 어디까지가 한계일까. 지구상에 에베레스트보다 높은 산이 없기 때문에 8848m가 한계치일 까. 지금까지 에베레스트를 등정한 사람 가운데 최연소 기록 보유자의 나이는 13살이다. 2010년 5월에 중국 쪽 베이스캠프로부터 정상에 올 라간 미국 소년 조던 로메로가 주인공이다. 로메로 이전에는 16살 네 팔 소년 템바 체리가 최연소 기록을 보유하고 있었다. 로메로는 2006 년 9살 때 아프리카의 킬리만자로에 올라간 이후로 꾸준히 세계 7대륙 최고봉 등정에 도전하고 있으며, 아직 에베레스트보다 낮은 산들을 오 르는 목표가 남아 있다.

지구에서 가장 높은 산 에베레스트는 늘 거기 그대로 있다. 하지만 걸어서 산을 오르기 시작하는 출발 지점이 어디서부터인가에 따라 저 마다 산의 높이는 달라진다. 에베레스트를 오르는 길도 네팔 쪽 베이스 캠프에서는 아동 보호를 이유로 16살 미만의 등정 자체를 금지하고 있 다. 그러므로 등산의 한계치는 객관적인 산의 높이가 아니라 어디서 어 떻게 올라갔느냐에 달라진다.

엄밀하게 말해 등산에는 한계가 없다. 아니 한계를 넘어서는 것이 등산의 본질이지만 한계치를 정하는 기준은 저마다 다를 수 있기 때문이다. 아이들과 함께 산을 오르면서 어디까지 올라갈 수 있을까를 부모가 먼저 고민할 필요는 없다. 먼저 높은 곳에 올라간 이들의 꿈을 보여줄 수는 있지만 그것을 온전히 자신의 꿈으로 받아들이는 것은 어떤 강요도 없이 아이들 각자의 선택이어야 한다.

부모의 경험과 지식의 폭에 따라 아이들의 등산체험에도 깊이와 높이가 달라진다는 것은 두말할 필요가 없다. 그러나 중요한 것은 아이와 함께 자연을 깊이 만나는 기쁨이지 산을 인생의 목표로 삼아야 한다는 것은 아니다. 등산은 그 자체로 즐거움이고 목적이어야 하지 다른 목표를 달성하기 위한 수단이 될 때는 본연의 가치마저 잃게 된다. 부모의 취향을 아이에게 강요하지 말아야 하는 것은 등산교육에서도 중요한 교훈이다.

"아이 덕분에 산을 새롭게 배웠어요"

젖먹이 때부터 아이와 함께 산에 다닌 정수정 씨

경기도 파주에 사는 장민기 군이 일산으로 나들이를 갔을 때 일이다. 결혼식과 동창 모임 때문에 종일 분주했던 하루를 마치며 집으로 돌아오는 데 5살 난 민기가 울상이 되었다.

"오늘 산에 간다고 했잖아. 근데 왜 그냥 집에 가는 거야."

민기는 '일산'이 산 이름인 줄 철썩같이 믿고 있었던 것이다. 아이는 온종일 지루한 곳을 따라다니며 언제 산으로 놀러 갈지만 기다렸다. 민기가 엄마 아빠와 집 가까운 산을 놀이터 삼아 놀러 가는 일을 가장 좋아할 때의 일이다. 실제로 일산이란 지명의 유래가 된 산은 일산동구 중산동에 있는 고봉산이다. 높이는 203m의 낮은 산이지만 일대에서는 제법 큰 산이었다. 산이 친숙한 아이는 일산이란 지명도 있는 그대로 산이라 믿은 것이다.

민기네 가족은 아이가 초등학교에 입학하기 전까지 1년에 10~15번 정도 꾸준히 등산을 함께했다. 평소에는 주로 사는 동네에서 가까운 심학산[194m], 파평산[496m], 고령산[622m], 감악산[675m] 등을 자주 찾는데, 이 중 제일 많이 오른 산은 가장 낮은 심학산이었다. 휴가 때는 멀리 있는 산을 찾았는데, 지금까지 민기가 가장 높이 올라가 본 곳은 한라산 윗세오름 대피소다.

민기가 처음 만난 산은 8개월 때 등산용 캐리어에 업혀 간 북한산이다. 평일 한적한 때 산에 올랐는데, 당시 모유 수유를 하고 있던 정수정 씨는 인수봉이 보이는 곳에서 아기에게 젖을 물리던 때를 잊을 수 없다고 한다.

"참 평화로웠어요. 아이도 무척 행복한 표정이었고요."

꾸준히 아이와 함께 산에 다니던 부부에게 가장 힘들었던 때는 민기가 아장아장 걷기 시작했을 무렵이다. 걸을 만하면 업어 달라 떼를 쓰고, 업혀서 가면 좋을 곳에서는 오히려 걸어가겠다고 고집을 피우는 일이 잦았기 때문이다. 사실 결혼 전부터 등산을 취미로 만난 이들 부부는 아이가 생긴 뒤로는 부모가 원하는 대로 자유롭게 산행을 할 수 없다는 게 아쉬웠다. 아이와 함께하는 산행으로는 성에 차지 않았기 때문이다. 더 높고 먼 산에 가고 싶은데 그때마다 아이가 걸린 것이다. 하지만 아이와 함께 꾸준히 산행하면서 오히려 부모에게 긍정적인 변화가 있었다는 사실을 깨달았다.

"아이의 속도와 시선을 따라가면서 평소 보지 못하는 것들을 많이 보게 되었어요. 특히 작은 곤충들의 움직임과 식물들을 자세히 관찰할 기회가 생겼어요."

정수정 씨는 아이 덕분에 엄마 아빠도 비로소 낮은 산을 좋아하게 되었다고 했다. 민기는 초등학생이 된 뒤로는 산에 가기 싫다고 말하는 경우가 종종 있다. 부모와 함께 산에 가는 것보다 친구들과 노는 게 좋아지는 게 자연스러운 성장의 과정이다. 그렇지만 민기는 여전히 산에 가면 생기가 돌고 물을 만난 고기처럼 좋아한다.

일찌감치 아이와 함께 등산을 시작한 정수정 씨는 선배로서 이렇게 조언한다. 첫째, 무조건 정상을 고집하지 말자. 주변에서 산을 좋아하는 엄마 아빠들의 경우 꼭 정상까지 올라가야 한다는 생각 때문에 무리하게 등산을 계속 하다가 아이들이 일찌감치 산에 질려버리는 것을 여럿 보아왔다고 한다. 둘째, 아이의 속도에 발을 맞추고 아이 눈높이에서 산을 바라보자. 그러면 엄마와 아빠도 전에는 볼 수 없던 풍경을 새롭게 발견할 수 있다고.

정수정 씨는 아이가 부모에게 새로운 등산의 세계에 눈을 뜨게 만들어주었다고 생각한다. 엄마와 아빠에게 꽃과 나무 이름을 찾아 공부하게 한 것도

민기의 끝없는 호기심이었다. 그래서 아이가 등산에 계속 흥미를 갖게
하려면 산에서만 발견할 수 있는 것을 부모가 먼저 찾아보라고도 권한
다. 주위를 꼼꼼히 돌아보면 산에는 절대 돈을 주고 살 수 없는 놀잇거
리와 학습교재들이 풍성하다고 말이다.

아이와 어떻게 시작할까

내 생각에 진정한 교육은
아이들이 빗속에서 걸어보는 것이다.
200년 동안 걷기는 예측할 수 없는 것,
계산할 수 없는 것을 탐험하는 주된 방법이었다.

•레베카 솔닛•

숲에서 걷기부터
시작하자

숲 유치원이 새로운 대안교육 현장으로 주목을 받고 있다. 최근 국내에 설립된 유치원은 독일의 '발트 킨더가르텐(숲 속 유치원)'을 모델로 하고 있다. 독일 숲 속 유치원은 1968년 처음 생겼는데, 1993년부터 공식 유치원으로 정부 지원을 받게 된 곳이 700여 군데다. 숲 속 유치원의 핵심은 인성교육이다. 일찍이 '숫자와 글자를 덮고 자연으로 돌아가자'는 주장을 펼쳤던 독일의 교육자 프뢰벨의 가르침대로, 자연의 품에서 어린이들 스스로 '보고 듣고 호흡하고 느끼는' 감성을 자연스레 개발하는 것이 목표다.

숲 유치원은 콘크리트 건물 속 인위적인 공간을 벗어나 울타리와 지붕과 벽이 없는 숲으로 아이들을 데리고 간다. 교사의 역할은 숲에서 아이들 스스로 놀며 배워가도록 돕는 것이다. 숲으로 꾸준히 갈 수만

숲에서는 플라스틱 장난감이나 학습교구 대신
주위의 나뭇가지와 돌멩이들을 가지고 놀면서도 부족함이 없다.

있다면 아이는 사계절의 변화를 온몸으로 느끼게 될 것이다. 그러면서 차츰 처음엔 볼 수 없던 새로운 풍경들을 발견하게 된다. 숲은 무궁무진한 이야기와 놀이로 가득 차 있다. 숲에서는 플라스틱 장난감이나 학습교구 대신 주위의 나뭇가지와 돌멩이들을 가지고 놀면서도 부족함이 없다. 아이들은 옷이 더럽혀지는 걸 걱정하지도 않는다.

숲에서 노는 것만으로도 아이들은 건강해진다. 그동안 흙장난이 아이들을 더럽힌다고 생각해 인조잔디를 깔고 포장된 길 위로만 걷도록 한 것이 얼마나 어리석었는지 이제야 깨닫고 있는 셈이다. 아토피로 고생하는 아이들도 오히려 거친 자연 속에서 자라면서 면역력을 키우게 된다. 실제로 독일에서도 숲 속 유치원에 다니는 아이들은 벌레에 물리거나 나뭇가지에 긁히는 상처는 자주 입지만 대신 면역능력이 향상돼 일반 유치원에 다니는 아이들보다 병치레가 적다는 조사결과가 있다.

유아교육 전문가들은 무엇보다 넓은 공간에서 자유롭게 활동하는 아이들이 또래들과 훨씬 사이좋게 지낸다고 전한다. 부모한테서 떨어져 유치원에 온 아이들에게 오랜 시간 좁은 실내에 여러 명이 함께 생활하는 것 자체가 스트레스다. 그래서 사소한 접촉에도 욕구불만이 폭발해 공격적으로 변하기 쉽다. 좁은 양계장에 갇힌 닭들이 금세 상처투성이가 되는 것을 생각해봐도 알 수 있다. 그러나 숲은 아이들에게 활짝 열려 있다. 맑은 공기를 마시며 몸과 마음이 열리는 것만큼 아이들의 정서발달에 도움을 주는 것은 없다. 독일의 숲 속 유치원에 다닌 어린이들은 '자연에 대한 이해와 사회성, 의사소통 능력, 상상력 등이 뛰어난 것'으로 알려졌다.

우리나라 숲 유치원은 일반 유치원보다 비싸다. 현실적으로 모든 유치원이 숲 가까운 곳에 자리를 잡지 못해 내용보다 이름만 앞서 가는 경우도 있다. 아이를 숲 유치원에 보내는 정성으로 엄마 아빠와 함께 산으로 가면 오히려 많은 것들이 쉽게 해결된다. 모든 산에는 반드시 아이들이 즐겁게 놀며 배울 수 있는 풍요로운 숲이 있기 때문이다.

산에는 선생님들이 안내하는 숲 유치원처럼 예측 가능한 안전망만 있는 것은 아니다. 등산에는 견뎌야 할 어려움도 반드시 존재한다. 그래서 아이가 어릴수록 가장 헌신적인 보호자가 함께해야 한다. 부모야말로 아이가 만나는 첫 번째 스승이자 거친 자연 속에서 가장 안전하게 보호할 수 있는 사람이다. 사실 유치원 교사 몇 명이 자유분방한 아이들을 숲에서 보살피기란 쉽지 않다. 결국 숲 유치원도 안전을 위한 적절한 규제가 필요할 수밖에 없다.

초등학생이 되기 전 1년만이라도 일주일에 한 번씩 아이를 데리고 가까운 산의 숲으로 떠나보자. 아니 한 달에 단 한 번씩이라도 꾸준히 1년만 계속해보자. 자연의 품에서 계절의 변화를 오롯이 느껴보는 것은 부모와 자녀 모두에게 큰 공부가 된다. 얼었던 땅이 녹았다가 다시 굳어지기까지의 함께 걸었던 시간을 아이의 발바닥이 기억한다고 생각해보라. 그것이야말로 루소가 말한 대로 인간의 발이 인생에서 만나

는 첫 번째 철학의 스승이 되게 하는 일이다. 점점 걷고 뛰어다닐 일이
줄어드는 요즘 아이들에게 가장 절실한 교육이다.

 어떤 인위적인 가르침보다 자연 속에서 걷는 일을 중시했던 루소는
그의 대표작 《에밀》에서 이렇게 말했다.

> 자연을 관찰하라, 그리고 자연이 여러분들에게 지시해주
> 는 길을 따르라. 자연은 끊임없이 어린이들을 훈련시킨
> 다. 자연은 모든 종류의 시련을 가지고 어린이들의 체질
> 을 단련시킨다, 자연은 일찍부터 어린이들에게 고통과 아
> 픔이 어떤 것인가를 가르쳐준다.

생활 속에서 산을 발견하라

아이들의 어휘는 경험의 폭에 따라 달라진다. 어휘의 한계가 곧 그 사
람이 지닌 세계의 한계라고도 말한다. 그런데 책이나 영상매체 등으로
익힌 것과 몸으로 부딪혀 배운 어휘의 세계는 커다란 차이를 보인다.

 그렇다면 아이들에게 산이란 무엇일까. 등산을 시작하기 전에 우선
가족들이 이해하고 있는 산에 대한 각자의 생각부터 이야기 나누어보

자. 서로 기대하는 산의 모습이 다를 수 있다.

학교에 들어가기 전 어린이가 있는 경우 아이의 눈높이로 산을 이해하기 위한 말놀이를 할 수 있다. 우선 산이란 음절이 들어간 단어를 찾는 게임을 제안한다. 아이와 함께 종이 위에 산이 들어간 말을 무작위로 찾아 적는다. 글자를 모르는 아이들의 말은 부모가 대신 받아 적으면 된다. 각자 10개씩 단어를 적은 다음 가족이 쓴 종이를 한데 모아보자. 그중에는 진짜 산도 있고, 아이들이 고른 글자 중에 '우산'처럼 엉뚱한 단어가 나올 수도 있다. 그렇다면 오히려 재미있게 이야기를 펼칠 수도 있다. 종이에 적힌 단어들 가운데 진짜 산을 찾아 동그라미를 치고, 산이 아닌 것은 X표를 해보자. 산 이름 중에는 분명 집에서 가까운 산이 있을 것이고, 언젠가 한번 가보았거나 그림책이나 방송에서 본 산들도 적혀 있을 것이다. 공통으로 적은 산이 있다면 분명 가족에게 특별한 의미가 있을 것이다.

이제 아이와 산이란 말뜻에 관해 이야기해보자. 산이란 한자는 자신의 형상을 가장 잘 설명해주는 상형문자다. 심지어 한글 자음 시옷도 산봉우리를 닮았다. 그림으로 산을 그려보아도 좋다. 산이란 그림과 글자를 통해 바로 알 수 있는 것, 바로 산은 위로 높이 올라갈수록 면적이 좁아지는 지형이라는 사실이다.

"정말 그런가? 우리도 한번 가볼까?"

"어떤 산에 가보고 싶어?"

이렇게 산에 관해 이야기를 나누는 과정은 단순히 아이의 호기심을 불러일으키는 것이 목적은 아니다. 부모 자신부터 나를 둘러싼 산에 대해 돌아보는 것에서부터 등산을 시작하자는 뜻이다.

우선 집에서 가까운 산부터 찾아보는 게 가장 쉽다. 만일 살고 있는 곳의 지명을 만든 산이 있다면 그곳을 먼저 올라볼 수도 있다. 산에 오르면 마을이 가장 잘 보이기 때문이다. 실제로 우리나라 지명 가운데 산이 들어간 이름은 셀 수 없이 많다. 서울에만 해도 증산동, 노고산동, 용산, 성산동, 응봉동, 개화동, 연희동… 모두 같은 이름의 산에서부터 지명이 만들어졌지만 우리는 평소 그것을 잊고 지낸다. 진짜 그런 산이 있을까 아이들에게도 질문을 던져보자.

학교에 다니는 아이들이라면 교가 속에도 대부분 산이 등장한다. 애국가에서도 백두산과 남산을 노래한다. 우리는 산의 정기를 받아 태어난 민족이기 때문에 지역마다 학교마다 노래 가사에 산이 빠지지 않는다. 그런 산들 가운데 하나를 골라보는 것도 의미 있다.

주위를 둘러보면 어딘가 야트막한 구릉이라도 보일 것이다. 만일 사방이 아파트와 빌딩 숲에 가려져 산이 보이지 않는다면 지도를 펼쳐보자. 요즘은 따로 지도책이 없어도 인터넷에서 구글 위성지도를 통해 주변을 검색할 수 있다. 지도 위에 내가 사는 곳을 중심으로 지역의 범위를 넓혀보면 어디든 산이 보인다. 주위에서 가장 높은 곳이 어디인지 쉽게 찾아볼 수도 있다.

자, 이제 어느 산을 먼저 오를지 정해졌다. 시작이 반이라고 했다. 높이는 중요하지 않다. 처음엔 오를 수 있는 만큼만 오르면 된다.

가장 큰 준비는 산에 가고자 하는 마음

막상 산에 가자고 마음은 먹었지만 걱정이 앞선다. '등산화도 없고 배낭도 등산복도 없어요.' 볼멘소리부터 나올 수 있다. 그러나 모든 걸 완벽하게 갖추고 시작하려는 동안 그만큼 산이 더 멀어질 수 있다. 일단 있는 그대로 집에서 가장 가까운 산부터 산책을 가보는 것이 중요하다. 막상 산에 가면 다른 사람들이 무엇을 어떻게 준비하고 즐기는지 한눈에 보인다. 산에 다니는 횟수가 늘어갈수록 자연스럽게 필요가 소비를 불러온다. 분명한 것은 경험보다 좋은 장비는 없다는 사실이다.

우리나라 사람들의 등산용품 소비 수준은 외국인들을 깜짝 놀라게 한다. 히말라야 고산등반에 나서는 전문가 수준으로 중무장한 사람들을 뒷동산 약수터에서도 쉽게 만날 수 있기 때문이다. 광고에 유명 연예인들이 등장하고부터 등산용품 가격도 천정부지로 뛰어올랐다. 하지만 그런 것이 없을 때도 사람들은 얼마든지 산에 잘 다녔다는 사실을 잊지 말자. 심지어 옛사람들은 눈 덮인 지리산과 한라산을 짚신에 무명

저고리 차림으로도 오르내렸다. 산을 잘 오르게 하는 것은 값비싼 장비가 아니라 튼튼한 두 다리와 의지의 힘이 우선이라는 사실, 산을 만나면 금세 몸으로 배우게 된다.

사실 몇 달 만에 쑥쑥 몸이 자라는 아이들에게 고가의 등산복을 따로 사 입히는 것도 부담스런 일이다. 평소에 입는 활동하기 편한 옷이면 가벼운 산행을 하는 데 어려움이 없다. 또 요즘 일상복들도 등산의류에서 사용하는 기능성 소재를 사용한 저렴한 제품이 많이 나와 있기 때문에 굳이 유명 브랜드만 고집할 필요도 없다. 아무리 좋은 옷이라도 어떻게 입느냐에 따라 산행을 쾌적하게 도와주기도 하고 오히려 짐이 되기도 한다.

옷보다는 신발이 중요하다. 등산의 기본은 걷기다. 편한 운동화라고 해도 무게를 줄인 가벼운 러닝화보다 돌부리에 부딪힐 경우 외부 충격으로부터 발을 보호할 수 있는 견고한 제품이 등산화로 적당하다. 초보자들이 준비 없이 무리한 산행을 하고 나서 발톱이 빠지는 일도 흔히 있다. 비탈진 산길에서 발목이 접질리거나 삐끗하는 사고도 잦다. 이럴 때 등산용 신발이 부상을 막는 데 큰 역할을 한다.

활동하기 편한 옷과 신발을 갖추고 나면 배낭이 필요하다. 산에서는 자기가 먹고 입을 짐들을 스스로 등에 지고 이동해야 한다. 그런데 초보자 중에는 의외로 산 정상에 음료수 자판기나 매점이 있을 것이라고 믿는 황당한 경우도 많다. 심지어 1박 2일로 지리산 종주를 계획하고 세석대피소를 예약했던 대학생 커플이 코펠과 버너도 없이 산에 올라온 것을 본 적도 있다. 아무 준비 없이 대피소까지만 올라가면 라면을 끓여 파는 줄 알았다고 한다. 물론 등산로 들머리에서 가까운 설악산 비선대 산장 같은 곳에서는 음식을 팔기도 한다. 서울 도심에서 근린공원으로 정비된 낮은 산에는 휴지가 준비된 수세식 화장실도 있고, 자판기나 매점도 있다. 그러나 그런 곳은 본격적인 등산의 대상이 아닌 산책을 위한 공원이다.

어린 아기를 데리고 외출하는 엄마라면 항상 기저귀 가방에 아기가 마시고 먹을거리를 따로 챙겨 가는 게 기본이다. 등산 배낭도 그런 역할을 한다. 배낭은 등산이 다른 스포츠와 가장 큰 차이점을 보여주는 상징적인 장비다. 오랜 시간 먼 거리를 달리는 마라톤 선수들도 경기 도중 마실 물과 간식 등을 보충할 수 있지만 자기가 직접 가지고 다니진 않기 때문이다.

등산용 배낭은 손가방이나 한쪽 어깨에 메는 숄더백이 아닌 반드시 양어깨에 멜빵으로 메는 것이어야 한다. 등산은 발로 하는 운동이지만 산에서는 항상 두 손을 자유롭게 쓸 수 있어야 하기 때문이다.

편한 옷과 신발 그리고 배낭만 있다면 곧바로 등산을 시작할 수 있다. 모자란 것은 차츰 산에 다니는 횟수가 늘어나면서 자연스럽게 채울 수 있다. 하지만 이 세 가지가 없어도 산에 갈 수는 있다. 북한산에는 아침마다 트레이닝복에 맨발로 산길을 걸으며 운동하는 사람들도 많다. 결국 장비보다 중요한 것이 산에 가고자 하는 마음이라는 사실을 기억하자.

등산은 집안에서부터
시작한다

등산은 엄밀하게 말해 산에서만 이루어지는 야외활동이 아니다. 산행을 위한 준비와 마무리는 모두 집에서 이루어진다. 등산의 완성은 집에 돌아와 배낭 속 짐을 정리해 제자리에 두고 몸의 피로를 푸는 것이다. 그래서 진정한 등산가의 목표는 정상이 아니라 산정에서 안전하게 하산해 집으로 돌아오는 데 있다고 한다. 어쩌면 우리가 아이들과 높고 먼 산에 함께 올라가 느끼고 싶은 것도 산 아래 평온한 일상의 소중함 아닐까.

등산을 시작하기 전에 지도를 보고 가상의 산행을 계획하는 것을 '인도어클라이밍'이라 부른다. 결국 등산이 현관문을 나서기 전부터 시작된다는 뜻이다. 이 과정에서부터 아이와 함께 많은 이야기를 나누면 산행에 대한 기대는 더욱 높아질 것이다.

우선 어느 산을, 언제 어떻게 오를 것인지 계획을 세워야 그에 맞게 배낭을 꾸릴 수 있다. 똑같은 산이라도 코스에 따라 예상 산행 시간과 배낭 속에 챙겨야 할 내용물도 달라지기 때문이다.

진정한 등산가의 목표는 정상이 아니라 산정에서 안전하게 하산해
집으로 돌아오는 데 있다고 한다. 어쩌면 우리가 아이들과 높고 먼 산에 함께 올라가
느끼고 싶은 것도 산 아래 평온한 일상의 소중함 아닐까.

산행 시간은 등산과 하산에 걸리는 시간에 적절한 휴식까지 포함해 여유 있게 잡아야 한다. 올라갔던 길로 되돌아 내려오는 방식을 원점회귀산행이라고 하는데, 등산을 처음 시작하고 경험이 부족한 상태에서는 이 방식이 가장 안전하다. 그런데 이때 같은 길이라도 올라갈 때와 내려올 때 걸리는 시간이 똑같을 수 없다.

보통 등산 지도에는 오르막일 때보다 내리막일 때 걸리는 시간을 짧게 표시해놓는다. 하지만 목적지에서 되돌아 내려올 즈음 피로가 누적돼 오히려 하산 시간이 더 길어질 수도 있다. 또한 등산안내지도에 표시된 산행 시간은 성인을 기준으로 한 것이기 때문에 함께 산행하는 가족 구성원의 체력에 맞추어 예상시간을 다시 계산해야 한다. 이때 산행속도는 가장 체력이 약한 사람을 기준으로 삼는다. 산에서 아이들에게 속도를 맞추는 일은 자식에 대해 가졌던 인내와 기다림의 여유를 되찾게 해줄 것이다. 아기의 걸음마를 응원하던 시절 우리는 얼마나 관대한 부모였던가 생각해보면 된다.

인도어클라이밍으로 산행에 걸리는 시간을 가늠해보는 것은 가족 구성원의 몸 상태와 성격까지 세심하게 살펴보는 과정이다. 그러나 아무리 꼼꼼하게 계획을 세웠더라도 실제 등산을 해보면 예상하지 못했던 일들이 벌어질 수 있다.

대상지의 코스와 예상시간을 가늠하고 나면 본격적으로 배낭을 꾸려야 한다. 무엇을 준비해야 할까. 일반적인 등산 교본에서 말하는 고

전적인 산행의 필수품은 지도와 나침반, 선글라스와 선크림, 모자와 여벌 옷, 헤드램프, 응급처치 약품, 물과 음식, 등산용 칼 등이다. 그러나 실제로는 배낭 속에 이런 것을 꼼꼼히 챙기는 데 소홀하기 쉽다. 등산은 무게와의 싸움이기 때문에 항상 짐을 꾸릴 때 배낭 속에 무엇을 넣고 뺄 것인가 고민에 빠지게 된다. 배낭의 무게에 따라 산행의 강도도 달라지기 때문이다. 더구나 아이와 함께하는 산행에는 부모 자신의 몫 이외에도 준비해야 할 것들이 늘어난다.

인도어클라이밍은 산행의 예습이다. 가고자 하는 코스를 머릿속에 그려보며 무엇이 필요할지 가늠해보면 배낭 꾸리기의 기준을 세울 수 있다. 예를 들어 산행 중 마실 물을 얼마나 준비할 것인가는 선택한 코스에 샘이나 대피소가 있는지, 계절과 산행 당일 날씨에 따라 달라진다. 중간에 물을 받을 수 있는 샘이 있더라도 여러 날 산에 비가 내리지 않은 여름철이라면 높은 곳에 있는 샘은 말랐을 가능성이 높다. 이럴 때 최악의 경우에는 대피소에서 파는 생수도 바닥날 수도 있으므로 사전에 물을 충분히 준비해야 한다.

등산에 필요한 음식은 행동식과 비상식으로 나뉘는데, 산행을 즐겁고 활기차게 이어갈 수 있는 에너지원이라고 생각하면 된다. 준비해야 할 행동식과 비상식의 종류와 양도 산행시간과 기온에 따라 달라진다.

구급약과 헤드램프, 등산용 칼 등은 만약에 경우 일어날 수 있는 위기 상황에 대비하기 위한 준비물이다. 만일 헤드램프를 준비하지 않았다면 반드시 해가 지기 전에 하산할 수 있어야 한다.

이처럼 산을 오르기 전에 집안에서부터 산행의 강도와 시간을 가늠하고 날씨에 따른 대비까지 온전히 마쳐야 한다. 조금 불편해 보일 수 있는 이 과정이 결국은 등산을 즐겁고 안전하게 도와준다. 산에서는 준비된 만큼 오르고 즐길 수 있다.

출발하기 전 미리
먹고 마시고 워밍업

산행을 하는 동안, 우리 몸을 자동차의 엔진이라고 생각해보자. 체력 소모가 많은 등산에 필요한 음식은 제때 수분을 보충해주고, 우리 몸에 필요한 에너지로 빠르게 전환할 수 있어야 한다. 자동차 엔진이 원활하게 가동하기 위해서는 냉각수와 연료가 충분해야 하는 것과 같은 이치다.

평소 아침 식사를 거르는 학생들의 학습효과가 떨어진다는 것은 널리 알려진 사실이다. 영양분을 고루 갖춘 식사가 신체와 뇌 기능을 깨워 집중력 향상에 도움을 주기 때문이다. 마찬가지로 등산할 때도 아침 식사가 중요하다. 산에서는 음식이 컨디션 뿐만 아니라 안전의 문제로 연결된다.

우리가 먹는 음식은 자동차 연료처럼 바로 엔진에 분사할 수 있는 에너지원이 아니다. 몸 안에서 소화와 흡수 과정을 거쳐 근육이 연소시킬 수 있는 형태로 변하기까지는 시간이 필요하다. 그래서 집에서 아침밥을 먹고 등산로 입구까지 도착하는 동안 실제 산행에서 쓸 수 있는 에너지들이 준비되도록 해야 한다. 이때 가장 효과적인 것이 탄수화물 식품이다. 그러므로 출발하기 전에 밥이나 빵, 떡 같은 탄수화물 식품으로 아침 식사를 반드시 챙겨 먹는다. 산행 도중에 먹는 간식들로 초콜릿이나 비스킷처럼 고열량 제품을 선호하는 것도 이런 이유 때문이다.

일반적으로 80kg 정도 몸무게를 가진 성인 남자가 보통 속도로 10분 정도 산을 오를 때 약 115kcal가 소모된다. 그러므로 대략 3시간 정도 산행을 계속하려면 2070kcal가 필요한 셈이다. 성인이 하루에 평균적으로 섭취하는 칼로리가 2500kcal 정도임을 고려하면, 단 3시간 산행에서 대부분을 소모하는 것이다. 하지만 어떤 코스로 산을 오르느냐에 따라 체력 소모도 다르고 개인별 기초대사량도 차이가 난다. 때문에 실제 산행에 필요한 칼로리를 단순하게 계량화하기는 어렵다. 성인과 어린이의 차이도 체중을 기준으로만 계산할 수 없다.

중요한 것은 누구나 산에서는 지치기 전에 미리 먹고 마셔야 한다는 사실이다. 산행 도중 이미 지쳐버린 사람은 먹고 마시는 일 자체가 힘들고 귀찮아지는 게 문제다. 그러므로 자기 몸 상태를 스스로 판단하기 힘든 어린이들은 부모가 꼼꼼하게 살펴야 한다. 평소 아이가 좋아하는 간식을 따로 챙겨 주머니 속에 넣고 가면서 힘들어할 때마다 선물처럼 꺼내주는 것도 요령이다.

그러나 평소에도 영양 과잉 상태에 있는 사람들이 산에서도 필요한 열량보다 과하게 먹는 것이 문제다. 사실 먹고 마시기 위해 산에 간다고 할 정도로 지나치게 많이 먹는 게 우리 등산 문화의 특징이다. 하지만 산에서는 오히려 조금씩 자주, 간소하게 먹는 것이 몸을 가볍게 해주기 때문에 걷기에도 편하다. 자동차 주행 시 연료를 가득 채우면 오히려 연비가 떨어지는 것과 같다.

먹는 것만큼 출발하기 전 몸을 푸는 일도 중요하다. 간단한 스트레칭으로 몸을 워밍업 시키면 부상 위험도 줄어들고 설령 넘어지더라도 몸 상태가 유연하면 충격을 최소화할 수 있다. 겨울철 자동차를 운행하기 전 엔진에 예열이 필요한 것처럼 워밍업은 평소 운동을 하지 않아 굳어진 신체기관들을 부드럽게 만들어준다.

등산은 온몸의 근육과 신경을 골고루 사용하는 전신운동이다. 평소 수영이나 달리기 같은 운동을 꾸준히 하던 사람들도 갑작스레 산행한 다음날 종아리에 알이 배기거나 어깨가 뻐근해지기도 한다. 등산에서는 달리기나 수영을 할 때 쓰지 않던 근육들도 사용하기 때문이다.

등산로 입구에는 간단한 스트레칭 방법을 안내하는 그림판들이 있다. 이를 참고해 가족이 함께 준비운동을 하고 서로 격려하며 즐겁게 산행을 시작해보자. 아이들의 팔에 깍지를 끼워 등에 태우고 온몸을 흔들어주는 '콩쥐·팥쥐 놀이'도 근육의 긴장을 풀어주는 데 좋다. 사실 스트레칭은 몸이 유연한 어린이보다 평소 스트레스로 근육이 뭉쳐 있는 엄마와 아빠에게 더욱 절실하다. 산행을 마친 다음에도 스트레칭과 마사지로 몸의 피로를 풀어준다. 이때 아이들의 지친 팔다리를 부드럽게 주물러주면서 안전하게 산행을 마친 데 대해 아낌없이 칭찬하고 격려해주자.

등산도 복습이
필요하다

인도어클라이밍이 산에 대한 예습이라면 하산한 다음 이루어지는 복습도 필요하다. 우선 산행에 쓴 배낭의 짐을 풀어 제자리에 두는 일이다. 게으른 사람들은 배낭을 풀지도 않은 채 베란다 구석이나 창고에 처박아 두었다가 다음 산행 짐을 꾸리면서 비로소 청소를 한다. 바닥에 먹다 남은 초콜릿이 녹아 눌어붙어 있기도 하고, 비닐봉지에 담아 둔 과일 껍질 쓰레기에 곰팡이가 피어 있기도 하다.

　가족 산행에서 돌아와 배낭을 정리하는 일도 가족이 함께하도록 한다. 산행에서 입었던 옷가지를 거두어 빨래와 도시락 설거지하는 것까

지 모두가 등산의 연장이다. 산행 짐을 풀고 정리하는 일이 중요한 것
은 그 과정에서 다음 산행에 무엇을 더하고 빼야 할지 제대로 알게 되
기 때문이다. 그날 산행에 물과 간식이 충분했는지, 불필요한 짐 때문
에 공연히 무겁지는 않았는지 등은 반복해서 배낭을 꾸리고 푸는 과정
에서 제대로 배우게 된다. 집에 돌아와 아이들과 함께 배낭 속 짐을 풀
어 정리하면서 낮 동안의 산행에 대한 이야기를 나누어보는 것도 산에
서 보낸 시간만큼 의미 있는 일이다.

배낭을 푸는 과정에서 비로소 가족 산행에 어떤 장비들이 더 필요한
지도 알 수 있다. 산행에서 신발 때문에 발이 불편했던 사람이 있었는
지, 배낭의 용량이 필요한 짐의 양보다 크거나 작았는지 등에 따라 새
로운 구매 계획을 세울 수도 있다.

배낭을 정리한 다음은 산행의 추억을 기록한다. 이때 인도어클라이
밍에서 사용한 지도 위에 지나온 등산로를 복기해보는 것이 좋다. 가족
이 자주 찾는 산이 있다면 그 산의 등산 지도를 벽에 붙여 놓고서, 함께
올라갔던 길을 코스를 따라 형광펜 등으로 표시해두는 것도 좋은 방법
이다. 서로 다른 길로 올랐던 산행을 지도 위에서 다시 한 번 떠올려보
면 그 자체로 아이들에게 좋은 학습이다. 이미 산행을 통해 각자 온몸
으로 기억하고 있던 순간들을 지도와 사진으로 반복해 되새겨보면서
서로의 생각과 감정을 나누는 일은 추억을 더욱 풍성하게 만든다.

아이와 함께한 산행을 육아 일기처럼 기록하거나 가족 등산 앨범을

우리가 산행을 복습하는 이유는 다음 산행을 더욱 즐겁고
설레게 하기 위한 밑그림을 그리기 위해서다.

따로 정리할 수도 있다. 가장 쉬운 방법은 SNS를 통해 친구들과 공유하는 것이지만, 아이를 위해서는 직접 쓰고, 사진을 인화해 붙여놓는 게 좋다. 디지털 이미지로 사진 책을 만들어주는 서비스를 이용해 가족이 함께 오른 산마다 한 권씩 등산 앨범을 만들 수도 있다.

각자의 산행 경험을 바탕으로 자기만의 그림지도를 만들어 보고, 서로의 지도를 보며 이야기를 나누는 방법도 있다. 똑같이 경험한 상황과 풍경인데도 엄마, 아빠와 아이들이 어떻게 다르게 이해하고 있는지 알 수 있는, 훌륭한 소통의 도구가 될 것이다.

그러나 산행을 기록하는 모든 과정은 서로의 추억을 공유하는 놀이여야지 강요된 학습이어서는 곤란하다. 우리가 산행을 복습하는 이유는 다음 산행을 더욱 즐겁고 설레게 하기 위한 밑그림을 그리기 위해서다.

지도와 나침반과도
친해지자

훌륭한 등산가들은 진짜 등산은 길이 끝나는 곳에서 시작된다고 말한다. 지도와 나침반은 산에서 길을 잃었을 때, 앞으로 나아갈 방향을 찾게 해주는 희망의 도구다. 특히 산행을 이끄는 리더의 능력 가운데 지도와 나침반을 얼마나 능숙하게 활용하는가는 매우 중요하다. 리더가 아니라도 산에서는 누구나 자기가 있는 현재 위치와 목표지점까지 갔다가 되돌아오는 길을 찾을 수 있어야 한다.

요즈음 검색해서 찾을 수 없는 산은 거의 없다. 옛날에는 '지도의 공백 지대'라고 부르던 거친 야성의 공간이 모험의 대상이었지만, 차츰 그런 곳은 지도 위에서 사라지고 있다. '신들의 거처'라 부르며 인간의 발걸음을 허락하지 않는다고 믿었던 히말라야의 높고 험한 산마저 속속들이 파헤쳐져 방송으로 생중계되기도 한다. 스마트폰에서 사용할 수 있는 등산지도 애플리케이션은 GPS를 기반으로 경위도 좌푯값, 방위, 고도까지 현재 위치를 상세히 알려주고 있다. 마주 보이는 봉우리의 사진을 찍으면 이름을 알 수도 있다. 그뿐만 아니라 산에서 이동한 궤적을 저장해 안전하게 출발지점으로 돌아올 수 있도록 길 안내를 하는 기능도 있다. 인터넷에는 자기가 오른 등산로를 상세한 사진이나 동영상으로 중계방송하듯 친절하게 알려주는 사람들도 많다.

이렇게 정보가 넘쳐나는 세상임에도 불구하고, 대부분 등산학교에서는 지도를 보고 길을 찾는 고전적인 독도법讀圖法을 필수로 가르친다. 산에서는 지도와 나침반을 활용한 길 찾기가 가장 기본적인 생존의 기술이기 때문이다. 산에서는 단순한 것이 가장 힘이 세다. 지도와 나침반이 없을 때는 그림자를 이용하거나 자연물에서 방향을 찾고, 지형지물의 특징을 가늠해 길을 찾는 감각도 익혀야 한다. 예를 들면 바위에는 햇빛을 적게 받는 쪽에 이끼가 많이 끼므로 이끼가 없는 쪽이 남쪽임을 알 수 있다.

스마트폰에 똑똑한 등산용 앱이 있어도 산에서는 운전할 때처럼 내비게이션의 길안내를 기대할 수 없다. 대부분 산은 통신 상태가 좋지 않을뿐더러 휴대전화 배터리 소모가 빨라 정작 필요할 때 쓰지 못하는 경우가 많다. 산에서 휴대전화가 꼭 필요한 것은 만약의 사고를 대비해 구조요청 전화를 걸어야 할 때다.

물론 우리가 아이와 처음 오르려는 산은 길 안내가 확실하고 사람들이 많이 찾는 등산로여야 한다. 지도와 나침반이 없어도 안전하게 산행을 마칠 수 있는 곳이어야 한다. 오히려 산에서 길이 없는 곳을 찾아가는 모험심을 발휘했다가 위험에 처할 수 있다. 또 국립공원에서는 비지정등산로로 다닐 경우 벌금을 내야 한다. 벌금 때문이 아니라 무분별한 샛길 통행으로 인해 산길이 훼손되는 것을 막기 위해서라도 반드시 정해진 등산로로 다녀야 한다.

그럼에도 등산을 계속 하려면 지도와 나침반을 이용한 독도법을 익히는 것이 유리하다. 산에서 지도를 읽고 나아갈 방향을 스스로 찾을 수 있다면 경험할 수 있는 등산의 세계가 더욱 풍성해진다. 일상생활에서도 내비게이션 없이 스스로 길을 찾는 능력이 여전히 중요한 것처럼 말이다.

결국 모든 교육의 핵심은 인생이란 광활한 지도 위에서 스스로 길찾기를 가르치는 일 아닐까. 집과 학원 사이를 자동차로 이동하는 데 익숙한 아이들은 차 안에서도 창밖 풍경을 물끄러미 바라보는 경우가 거의 없다. 스마트폰에 머리를 조아리고 있는 아이들은 매일 반복해서 지나다니는 등하굣길에서도 목적지까지 데려다 줄 교통수단이 없으면 쉽게 길을 잃어버릴 것이다.

평소에도 나침반과 지도에 친숙해지도록 노력해보자. *오리엔티어링은 아빠가 아이와 함께 즐길 수 있는 멋진 놀이다. 군생활에서 야전훈련 경험이 있는 아빠들이라면 어렵지 않게 지도와 나침반으로 보물찾기도 할 수 있을 것이다.

★ 지도와 나침반을 이용하여 지정된 지점을 통과하고 목적지까지 완주하는 경기를 오리엔티어링이라고 한다.

아이와 함께하며 더 큰 산을 만나다

아이들과 두 번이나 히말라야 트레킹을 다녀온 이치상 씨

이치상 씨는 '결혼 10주년에 아내와 함께 히말라야 트레킹을 가자'는 약속을 지키기 위해 4살과 8살 난 아들을 데리고 안나푸르나 남면 베이스캠프까지 가족 여행을 다녀왔다. 그는 고 박영석 대장의 히말라야 원정과 남극 탐험 등에 참여했던 산악인으로 직장 생활을 하면서도 1년에 한두 차례 꾸준히 해외 원정까지 다녔다. 하지만 대학 산악부 출신이던 아내에게는 결혼과 출산 이후, 멀고 높은 산은 그림의 떡이었다. 그에게 히말라야 트레킹은 아내에게 주는 특별한 선물이었지만 어린 자녀들을 오랜 기간 떼어 놓고 갈 수도 없었다.

보름 동안 히말라야 가족 트레킹에서 이치상 씨의 어린 아들들이 두 발로 걸어서 올라간 베이스캠프의 높이는 4134m였다. 산행을 시작한 나야풀의 고도가 1070m였는데 목적지까지 꼬박 5일이 걸렸다. 그에게 평소에도 아이들과 함께하는 가족 등산은 특별한 일 아니었다. 그러나 최소한 일주일 이상 계속 걸어야 하는 장거리 해외 트레킹은 사정이 달랐다. 아무리 고산등반 경험이 풍부하다고 해도 막상 아버지로서 어린 아들을 히말라야에 데려갈 수 있을지에 대해서는 걱정과 두려움이 많을 수밖에 없었다.

그는 떠나기 전 국내에 소개된 소아·청소년과의사이자 고산등반 전문가인 조석필 씨의 책 《10살짜리 아들을 히말라야에 데려가도 될까요?》를 읽으면서도 내내 반신반의했다고 한다. 책은 성인이 고산병에 대처하는 방법을 친절하게 안내하고 있지만 정작 어린이를 동행하는 문제에 대해서는 어떤 명확한 답도 주지 않았다. 과연 아내와의 약속을 지키기 위해 아이들을 높은 산에 데려가야 할지, 그는 걱정이 많았다.

결국 그는 자신과 아내 그리고 아이들을 믿고 모험을 선택했다. 2007년 1월 이치상 씨 가족은 네팔로 향하는 비행기에 몸을 실었다. 그들이 목표로 한 안나푸르나 베이스캠프(ABC)는 히말라야 트레킹 가운데 비교적 쉬운 곳으로 손꼽는 대상지다. 그러나 쉽다는 평가는 상대적일 뿐, 고산병 증세로 중도에 포기하고 하산하는 어른들도 많은 곳이다. 함께 가는 대원들뿐만 아니라 주위에서도 어린아이들을 데리고 간다는 데 대해 걱정이 많았다. 그는 도중에 아이들이 '더는 못 가겠다'고 하거나 고산병 때문에 가고 싶어도 갈 수 없는 상황이 생기면 아빠가 곧바로 아들들을 데리고 먼저 하산하고, 아내는 남은 대원들과 계속

트레킹을 할 수 있도록 하겠다는 계획으로 출발했다.

그런데 어린아이를 둘이나 동반한 가족 트레킹은 고산병 외에도 여러 가지 돌발변수가 많았다. 부모의 선택으로 높고 험한 곳까지 따라나선 아이들에게 닥칠 고난은 온전히 부모 책임이다. 그렇다고 해도 아이들이 감당해야 할 어려움은 고스란히 자신의 몫으로 남는다. 특히 8살 난 형 건영이는 트레킹 내내 오로지 제 힘으로 어른들과 똑같이 걸어야 했다. 동생은 엄마에게 업어달라고 울며 보챌 때마다 아빠가 계속 목말을 태우고 걸어야 했다. 목말을 태우면 아빠 등에 멘 배낭이 아이의 받침대 역할을 했다.

이치상 씨는 우는 아이를 어깨에 태울 때마다, 산에서 내려가면 '이마트에 로봇 사러 가자'는 말로 어르고 달랬다고 했다. 동생 우영이는 아빠 어깨에 올라탄 채로 걷다가 잠이 든 적도 많았다. 형 건영이도 트레킹 도중 힘에 부쳐 엄마 앞에서 여러 번 눈물을 보였다. 동생만 없었다면 8살 아이도 분명 어리광을 많이 부렸을 것이다.

고산지대에서 잘 훈련된 아버지로서도 어린아이들과 함께 하는 여정이 절대 쉽지 않았다. 그가 돌아오는 비행기 안에서 다음에 다시 히말라야에 같이 가겠냐고 물었을 때 아이들은 모두 싫다고 했다. 하지만 쉽게 지치는 만큼 회복도 빠른 아이들은 힘든 기억도 금세 잊는 모양이다. 이들 부부는 안나푸르나에서 돌아온 지 1년 만에, 다음에는 세계에서 가장 높은 에베레스트를 보러 가자는 약속을 아이들에게 받아냈다.

그리고 5년 뒤인
2012년 이들 가족은
두 번째 히말라야 트레
킹에 나섰다. 계획과 달
리 이번에도 목적지는
ABC였다. 고 박영석 대
장의 추모트레킹에 아이

들을 데리고 함께 떠난 것이다. 이번에는 둘째 우영이가 9살이 되어 형
처럼 혼자 힘으로, 어른들과 똑같이 걸어야 했다. 똑같은 코스였지만
우영이가 목말을 타고 오르내리던 길에서 기억하고 있는 것은 그다지
많지 않았다. 목적지인 ABC를 다녀오던 날은 눈이 많이 내린 데다 날
씨마저 추웠는데, 밤늦게 숙소에 도착하다 보니 어려움도 많았다. 결국
그날 밤 힘에 부친 우영이가 방에서 혼자 울기도 했다고.

이치상 씨 같은 경험이 풍부한 산악인 부부에게도 아이들과 함께한
히말라야 트레킹은 새로운 도전이자 전혀 다른 형태의 모험이었다. 그
는 산에서는 부모가 더욱 세심하게 아이를 관찰하고 적극적으로 보살
펴야 한다는 것을 절실하게 느꼈다고 했다.

"트레킹을 하다 보면 어른들은 나름대로 자신의 몸 상태를 적당히
조절할 줄 알지만 아이들은 달라요. 그래서 몸 상태가 좋고 나쁜지는
노는 모습이나 얼굴만 봐도 바로 알 수 있어요. 금방 짜증을 내고 힘들

어하니까요. 그건 자신의 몸 상태를 말로 제대로 표현하지 못해서 그런 거예요. 어릴수록 짜증도 많이 내고 더 자주 울게 되죠.”

엄마만큼 아이들의 내면을 세심하기 살피기 힘들었던 아빠에게는 부모의 역할에 대해 제대로 마음공부를 하게 된 계기였다. 아이들과 두 번씩이나 히말라야 트레킹을 다녀온 경험은 가족 모두에게 값진 추억이었다. 그렇지만 너무 어릴 때 시작한 것 자체가 부모의 욕심 아니었을까 되돌아보기도 했다. 그래서 에베레스트를 만나러 가는 가족의 꿈은 아이들이 좀 더 큰 다음, 스스로 원하는 때를 기다린다고 했다.

다섯 번째

산에서
기억해야 할 것
하지 말아야 할 것

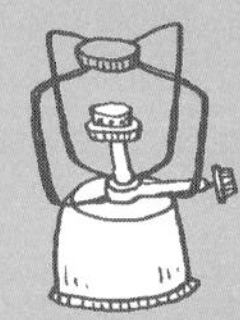

산은 사악하지도 친절하지도 않다.
산은 단순한 유기체일 뿐이다. 하지만 우리는 산을
예측하지 못할 뿐 아니라 과학적으로 완전히
이해하지도 못한다. 산은 의지와 감정이 없다.
산은 우리를 끌어당기지도 않으며 밀어내지도 않는다.

• 라인홀트 메스너 •

저마다 산의
기준이 다르다

본격적으로 등산을 시작하기 전에 산이란 무엇인가 다시 생각해보자. 과연 얼마나 높아야 산이 될 수 있을까. 우리나라는 국토의 65.2%가 산이라고 하는데 건설교통부의 기준으로는 지표면으로부터 100m 이상 솟아오른 지형을 말한다. 하지만 그보다 낮아도 산으로 불리는 곳이 많다. 절두산이라 불리는 서울 한강변 잠두봉의 높이는 고작 30m다. 우리나라의 기본 지도에 표현된 산의 개수만 1만 1859개라고 한다. 이중 산림청의 정책이 미치는 산이 4440개다.

산으로 불리는 기준은 나라마다 지형에 따라서도 다르다. 영국 사람들은 적어도 1000피트[305m], 미국은 2000피트[610m]가 넘어야 산이라 부른다. 하지만 일본에서는 오사카 해안가에 4.5m 높이의 인공언덕도 덴포잔[天保山]으로 불린다.

　결국 산이 되는 절대적인 높이에 대한 기준은 없다. 산은 오르는 사람에 따라 상대적일 뿐이다. 아이들과 함께 산을 오르고 싶은 부모들이 기억해야 할 것은 바로 이 점이다. 같은 시각 같은 산을 오르고 있지만, 어른과 아이는 전혀 다른 산을 오른다고 느낄 수 있다는 사실. 어른이 껑충껑충 뛰다시피 올라갈 수 있는 길을 아이 걸음으로 쫓아간다고 생각해보라. 어른은 속도를 늦추고 자주 뒤돌아보며 기다려야 한다. 평소보다 천천히 걷고 오래 기다려야 하는 어른은 힘든 줄 모르고 자칫 지루할 수도 있지만, 황새의 걸음 쫓아가는 뱁새 같은 아이에게는 고통이 따른다. 남편과 아내 사이도 마찬가지다. 각자가 생각하고 느끼는 산의 기준은 모두 다를 수밖에 없다.

　같은 산을 오르면서도 서로 다른 꿈을 꾸는 것, 각자 자기 삶에 충실하면서 힘들고 외로울 때 서로 격려하고 의지하며 인생의 산을 함께 넘는 동반자가 가족이다. 다만 이런 가족이라도 실제로 등산을 할 때는 리더가 필요하다. 리더는 등산을 계획하고 실행에 옮기면서 서로 다른 구성원들의 사정을 제대로 이해하고 있어야 올바른 결정을 내릴 수 있다. 늘 살을 맞대고 지내는 가족이지만 산에서는 전혀 새로운 모습을 만날 수 있기 때문에 리더의 역할이 더욱 중요하다. 자칫 즐거워야 할 가족 산행으로 오히려 서로가 불편해질 수도 있기 때문이다.

　김지환 씨는 초등학교 3학년 아들을 처음 산에 데리고 갔다가 낭패를 본 일이 있다. 첫 가족 산행으로 북한산에 갔는데 정상인 백운대로 올라가는 마지막 구간에서 아이가 옴짝달싹하지 못한 채 새파랗게 질려 버린 것이다. 아빠는 아들에게 그렇게 심각한 고소공포증이 있는 줄 미처 몰랐다. 평소 여행과 캠핑을 즐기는 아빠 때문에 어려서부터 다양한 야외활동을 많이 했고, 함께 운동도 즐겨온 활동적인 아이였기 때문에 산행에 대해 조금도 걱정하지 않았다. 그는 오히려 운동을 싫어하는 아내 때문에 가족 산행을 잘 마칠 수 있을까 염려했을 뿐이다. 결혼 전에 혼자 백두대간 종주까지 했던 아빠는 아들이 자라 함께 산에 가는 것을 오래전부터 꿈꿔왔다. 하지만 첫 산행에 대한 기대가 너무 컸다. 북한산은 아빠에게 쉽고 가벼운 등산이지만 엄마와 아이에게는 너무 높고 가파른 곳이었다. 아빠의 욕심 때문에 아이는 한동안 산이라면 기겁을 하는 지경이 돼버렸다.

서로가 생각한 산이 다르다면 가장 약한 사람에게 맞추는 게 리더의 역할이다. 함께 하는 등산은 동행자와 호흡을 맞추는 것이 가장 중요하기 때문이다. 정상 등정이 목표가 아니라 오르는 과정의 즐거움이 우선이다. 결국 어린아이를 데리고 등산을 하는 어른들에게는 배려와 인내심이 필요하다. 아이의 걸음마를 지켜보던 심정으로 돌아가야 한다. 기다리고 용기를 주며 격려하는 것만이 아이를 포기하지 않게 만드는 방법이다. 아이와 함께 산을 오르는 일이 부모에게는 마음공부처럼 느껴질 수도 있다. 모두가 만족스럽기 위해서는 나와 처지가 다른 사람을 위해 먼저 자신의 기준을 내려놓고 배려해야 한다.

다행히 아이는 언제까지나 부모의 배려와 보호 속에만 머물러 있지 않는다. 시간이 지날수록 아이들은 눈에 띄게 단련되고 빠르게 적응한다. 자녀들은 청소년기를 지나면서 부모보다 월등한 체력을 자랑하게 될 것이다. 어느 순간 자식이 부모보다 무거운 배낭을 멜 날이 찾아온다. 제힘으로 힘겹게 산을 올라 본 아이들은 어려운 사람을 배려할 줄도 안다. 우리가 산에서 내려오면서 숨을 헐떡이며 같은 길을 올라오는 사람들을 보면 "힘내세요. 거의 다 왔어요." 하는 인사를 자연스레 건네게 되는 것도 그런 이유다.

포기할 줄도 알아야 한다

등산에는 시작과 끝이 있다. 똑같은 산이라도 정상으로 가는 길은 여러 갈래가 있고, 같은 길로 오르더라도 저마다 걸리는 시간은 제각각이다. 함께 걷고 있어도 각자가 체험하는 것도 다르다. 힘에 부쳐 땅만 보고 걷거나 혹은 앞사람의 엉덩이만 보고 뒤쫓아 올라가는 사람이 있는가 하면 길섶의 풀꽃과 나무들에도 각별한 애정을 가지고서 주위를 둘러싼 자연과 깊이 교감하는 사람도 있다. 그래서 같은 산을 올라도 저마다 다른 방식으로 각자의 산을 오른 셈이다.

저마다 다른 산행을 경험하더라도 등산이 하산을 통해 완성된다는 사실만은 같다. 인생에서 목표로 삼는 정상도 저마다 다르지만, 그곳까지 얼마나 높이 빠르게 올라갔느냐보다 안전하게 돌아내려 오는 것이 중요하기 때문이다. 그래서 등산에서는 포기할 줄 아는 용기가 필요하다. 바로 눈앞에 목표한 곳이 보이더라도 안전하게 돌아내려 갈 수 있는지를 냉정하게 판단한 다음 앞으로 나아가야 한다. 산은 늘 그 자리에 있기 때문에 초조해할 필요가 없다. 의지가 있다면 얼마든지 기회는 다시 만들 수 있다. 체력이 고갈된 상태에서 무모하게 목표만을 쫓다가 화를 당할 수 있다.

큰 딸이 초등학교 3학년 여름방학을 맞았을 때, 온 가족 지리산 종주를 계획했다. 백무동에서 산을 오르다 아이가 무릎이 따끔하다며 뭔가에 물린 것 같다고 했다. 당시 아이는 크게 힘들어하지 않았고 그다지 통증을 느끼지도 않았다. 정말 오랫동안 벼르고 별러 먼 곳으로 간 가족 산행이었다. 두어 시간만 더 오르면 그날 목표로 한 장터목 대피소에 도착할 수 있었다. 그러나 우리는 곧바로 되돌아 내려왔다. 아니나 다를까. 산을 거의 다 내려올 즈음 아이 몸이 퉁퉁 부어오르고 있었다. 벌에 쏘인 모양이었다. 인월 읍내까지 병원을 찾아가 해독 주사를 맞아야 했다. 벌 독에 알레르기 반응이 심한 사람은 자칫 호흡곤란과 의식 불명에 빠질 수도 있다고 했다. 만일 욕심을 부리고 더 올라갔다가는 하산 시간이 길어져 위험해질 수 있었다. 그때 지리산 천왕봉까지 함께 올라가지 못한 아쉬움은 컸다. 하지만 언젠가는 꼭 다시 가고 싶다는 소망이 남았다. 얼마나 다행인가. 모두가 무사하고 새로운 목표가 생겼으니 말이다.

비단 산이 아니라 인생에서 직면하게 될 어려운 문제 앞에서도 크게 다르지 않다. 만일 자녀가 진로를 결정하는 중요한 시기에 앞이 보이지 않아 막막해하고 있다면, 위대한 등산가의 이야기에 귀 기울여보자. 라인홀트 메스너는 히말라야에서 8000m 이상의 고봉을 뜻하는 14좌의 산들을 세계 최초로 오른 사람이다. 그는 수많은 등산가가 목숨을 잃은 히말라야에서 매번 가장 어려운 방식으로 산에 올라갔다. 1980년 에베레스트에서는 산소호흡기도 없이 혼자서 정상에 올라가기도 했다. 그랬던 사람도 자신이 "지금까지 살아 있을 수 있었던 것은 용감한 등반가였기 때문이 아니라, 위기와 안전 사이에서 완벽한 균형을 추구하는 겁쟁이였기 때문"이라고 말했다. 또 메스너는 '진정한 용기는 두려움을 정확히 아는 것'이라고도 했다. 위험 앞에서 포기해야 할 때와 극복하고 넘어설 때를 아는 것, 잘못된 길이라면 지나온 길의 수고에 연연해 하지 않고 되돌아갈 줄 아는 용기. 그는 모험과 도전을 추구하는 세계에서 성공한 등반가로 존경을 받고 있지만 인생은 한 방에 끝이 나는 도박이 아니라는 것을 누구보다 잘 알고 있다. 그래서 가장 어리석은 사람은 '죽음에 관해서 알고 싶어 하지 않으며 자신이 죽을 수도 있다는 사실을 외면해 버리는 사람'이라고까지 말한다.

결국 인생에서 크고 작은 실패와 좌절, 잠시 포기하는 일 자체가 부끄러운 것이 아니다. 정말 부끄러운 일은 지나온 실패의 경험으로부터 아무것도 배우지 못하는 사람이다. 아이가 혼자 헤쳐나가게 될 미래도, 부모인 우리가 맞이해야 할 여생도 그러하길 바란다. 단 한 번뿐인 인생에는 결코 연습이 없다. 하지만 삶의 길목에서 만나게 되는 고난과 환희를 모두 맛볼 수 있는 등산은 훈련을 통해 충분히 달라질 수 있다는 게 희망이다. 더구나 자연 앞에서 포기하는 일은 부끄러운 일이 아니기 때문이다. 아이들은 등산에서 배우는 실패의 경험 때문에 죄책감을 느낄 필요가 없다.

등산에도
예절이 있다

남의 집을 방문했을 때 손님이 지켜야 할 도리가 있듯 산에서도 예절이 필요하다. 산에서는 사람이 손님이다. 산은 산에 사는 짐승과 식물들의 보금자리이기 때문이다. 산에 살고 있는 생물뿐 아니라 흙과 바위와 같이 산을 구성하는 물질들까지 모두가 산의 주인이다. 손님이라고 표현했지만 엄밀하게 말해 산에 사는 존재들에게 인간은 성가시고 무례하고 폭력적이기까지 하다.

　우선 사람은 산에 길을 내고, 길을 계속 늘리고 넓혀나간다. 숲에

난 길은 식물들의 터전을 짓밟고 난 뒤에야 만들어진다. 풀밭이었던 곳으로 지나다니는 사람들의 발자국이 많아지면서 풀이 나지 않는 단단한 흙길이 생겨난다. 점점 등산화 무게에 흙이 쓸려나가고 길은 넓어지고 주위의 나무뿌리가 드러나기 시작한다. 큰비가 오면 이 길을 따라 물길이 만들어져 산이 깎여나간다. 이렇다 보니 사람들이 많이 찾는 대도시 가까운 산의 등산로는 부드러운 흙길이 거의 없다. 돌부리가 드러나 있거나 산길이 무너지는 것을 막기 위해 나무 데크나 돌계단을 만들어 놓은 곳이 늘고 있다. 단단한 바윗길도 차츰 쓸려 내려가기는 마찬가지다.

산에서 정해진 길을 벗어나지 말아야 하는 이유는 안전상의 문제도 있지만 그보다 먼저 산을 보호하기 위해서다. 사람들이 많이 몰리는 곳에서는 산에서도 도심의 교통체증처럼 정체구간이 나타난다. 이때 길을 벗어나 앞질러 가려는 사람들이 있다. 그런 사소한 행동이 반복되면 결국 샛길이 만들어진다. 길 없는 곳에 위험을 무릅쓰고 길을 만드는 것은 분명 도전이지만 등산로가 정해진 산에서 새로 길을 내는 것은 이기적인 행위다.

좁은 산길에서 올라가려는 사람과 내려오는 사람이 만나면 올라가는 사람에게 우선 양보하는 것이 에티켓이다. 이때 '안녕하세요', '고맙습니다'와 같은 인사는 기본이다. 아이들에게는 굳이 가르치는 게 아니라 부모가 먼저 인사하는 모습을 보여주면 된다.

길을 양보하거나 정체된 구간에서 오래 기다려야 할 때는 근육의 피로와 긴장을 풀어주는 휴식시간으로 활용하면 좋다. 우선 한 다리로만 선 채로 반대편 다리의 무릎을 굽혔다 펴는 동작을 번갈아 해주는 것만으로도 쉽게 피로가 풀린다.

산에서 큰 소리로 떠들거나 음악을 크게 틀어놓은 채 걷는 것도 실례다. 함께 산행하는 사람들에게 불쾌감을 주는 것뿐만 아니라 산에 사는 짐승들은 소음으로 스트레스를 받는다. 특히 예민한 상태에 있는 산란기의 새들은 소음 때문에 알 낳기를 포기하거나 부화하다 자기 알을 깨뜨려버리기도 한다. 사실 산에서 큰 소리를 내지 않는다고 해도 등산화 발자국 소리만으로도 수풀 속 작은 짐승들에겐 충격이다.

요즈음 산 정상에서 '야호!' 하고 외치는 사람은 찾아보기 힘들다. 만일 그랬다가는 눈총을 받을 수 있다. 유명산마다 정상은 사람들로 붐비고 정상 표지석 앞에는 기념사진을 찍으려는 사람들로 어수선하다. 특히 사람이 많이 몰리는 지리산 천왕봉은 낭떠러지가 있어 자칫 잘못하면 추락의 위험도 있다. 그렇게 높고 비좁은 공간에 여러 사람이 모여 있다 보니 알프스 같은 적막한 산정에서 구조요청이나 메아리를 기다리며 외치던 야호 소리는 이제 어울리지 않게 되었다.

산에서 꽃이나 나뭇가지를 꺾지 말아야 한다는 것은 기본이다. 생태계 훼손이 심각한 북한산국립공원은 시골에서 흔히 보는 다람쥐도 보호종이고 도토리 줍는 일도 금지되어 있다. 야생동물에게 먹이를 준다고 과자부스러기나 과일 껍질 등을 던져주는 것도 안된다. 특히 등산객이 버린 과일 껍질에 묻은 잔류 농약 등이 야생동물 불임의 원인이 되기도 한다.

모든 산에서 자기 쓰레기는 되가져 내려와야 한다. 국립공원에서는 하산할 때 등산객이 가지고 온 쓰레기의 무게만큼 포인트를 적립해주는 포상제도를 운용하고 있다. 국립공원그린포인트제도는 쓰레기 1g당 2포인트를 적립해주고 1포인트를 1원의 금액으로 환산해준다. 포인트는 주차장이나 야영장 사용료, 대피소에서 모포를 빌리는 것 등으로 사용할 수 있고 등산용품으로 교환할 수도 있다. 아이에게는 포상보다 자발적 선행에 대한 가치를 느끼는 것이 더 큰 선물이다.

개인 물통을 준비하고 틈틈이 먹고 마셔야

산에서는 처음부터 쓰레기가 나오지 않게 짐을 꾸리는 것이 제일 중요하다. 가장 쉽게 실천할 수 있는 것은 등산용 개인 물병과 도시락통을 가지고 다녀 일회용품을 줄이는 일이다. 배낭 속에 꾸려진 물건들을 보기만 해도 그 사람의 산행 연륜이 보인다. 등산 초보자의 배낭을 보면 바깥 주머니에 생수병이 꽂혀 있고, 등산로 입구에서 파는 일회용 스티

로폼 도시락에 든 김밥을 검정 비닐봉지에 말아 담았다.

대개 등산로 입구에는 생수를 얼려서 파는데, 플라스틱 병째 얼린 생수통은 정작 산행 도중 목이 마를 때 빨리 녹지 않아 애를 먹는 경우가 많다. 여름철에는 집에서 물통에 각얼음을 담고 여분의 공간에 물을 채워가는 게 편리하다. 또 생수병을 햇빛에 장시간 노출하는 것은 위생적으로도 문제가 있다. 무엇보다 생수와 생수병 자체가 환경오염의 주범이라는 사실을 기억해야 한다.

아이와 함께 등산을 계속 한다면 우선 식구 수대로 개인 물통부터 마련하자. 물은 각자가 필요한 만큼 스스로 마시는 것이 등산의 기본이다. 또 산에는 물이 귀하기 때문에 자기가 마실 물은 스스로 배낭에 지고 가는 것이 원칙이다. 때에 따라 계곡 물이나 샘물을 먹을 수도 있지만 높이 올라갈수록 수량이 줄어들고, 사람이 많이 찾는 산일수록 수질오염도 심각하다. 어린아이들은 물 때문에 배앓이를 할 수도 있기 때문에 최악의 경우가 아니라면 준비된 물을 먹이는 게 안전하다.

일반 물통과 달리 등산용 물통은 입구가 넓고 뚜껑을 잃어버리지 않도록 물통 몸체에 고리로 연결되어 있다. 충격과 고온·냉기에도 강한 재질로 만들어져 뜨거운 물을 담아도 모양이 일그러지지 않는다. 별도의 보온케이스를 함께 장만하면 철 따라 유용하게 쓸 수 있다.

등산에서 주의해야 할 것이 탈수현상이다. 평소에는 갈증을 느껴도 물을 마시면 금방 회복이 되지만 산행 중에는 수분을 보충한 뒤에

야생동물에게 먹이를 준다고 과자부스러기나 과일 껍질 등을
던져주는 것도 안 된다. 특히 등산객이 버린 과일 껍질에 묻은
잔류 농약 등이 야생동물 불임의 원인이 되기도 한다.

도 계속 몸을 움직여야 하는 부담이 따른다. 이때 수분이 부족하면 훨씬 빠르게 피로를 느끼고 기력을 잃기 쉽다. 심한 경우 수분 부족은 방향감각을 상실하고 두통을 일으킨다. 어린이의 경우 탈수는 더욱 위험하다. 그래서 출발하기 전부터 몸 안에 충분히 수분공급을 해주어야 한다. 배낭에 지고 갈 물을 몸 안에 미리 보충해 무게를 줄인다는 생각으로 미리 마셔둔다. 전문가들은 적어도 출발 15분 전에 한 컵 정도 물을 마시라고 권한다.

또 산행 중에도 갈증을 느끼기 전에 미리 물을 마셔야 한다. 목이 마르다고 느끼는 것은 몸 안에서 이미 탈수가 진행되고 있다는 신호다. 탈수가 심해지면 점점 물을 마시고 싶은 생각마저 줄어들어 더 큰 위험을 부를 수 있다. 따라서 물통은 배낭에서 꺼내기 쉬운 곳에 두어야 한다. 갈증이 날 때도 물을 곧바로 벌컥벌컥 마시지 말고 입안에 머금고서 천천히 삼키도록 한다.

땀을 많이 흘리는 여름철에는 전해질 보충을 위해 스포츠 이온음료를 따로 준비하는 것도 좋다. 산행 도중 다리에 쥐가 날 때도 이온음료가 도움이 된다. 쥐가 나는 것은 땀으로 몸 안에 전해질이 빠져나가면서 근육 경련이 일어났기 때문이다.

물과 마찬가지로 산에서 먹는 음식도 조금씩 자주 섭취하는 것이 좋다. 산행에 필요한 음식은 행동식과 비상식으로 나누어 준비하는데, 행동식은 먹기 편하고 아이들 입맛을 돋울 수 있는 것을 준비한다. 비상식은 말 그대로 조난 등의 위험에 처했을 때 사용하려는 것이므로 가볍고 장기보관이 가능한 말린 과일이나 견과류, 초콜릿 같은 고열량 식품을 준비한다. 비상식은 가능한 먹지 않고 배낭 속에 되가져 내려와야 별 탈 없이 안전한 산행을 마쳤다는 뜻이 된다. 자리를 펴고 앉아 쉬면서 먹는 점심 도시락도 너무 배불리 먹으면 몸을 무겁고 나른하게 만들어 식사 후 산행이 힘들어질 수 있다.

산에서 좋은 사람들과 맛있는 음식을 나누어 먹는 것은 등산에서 빼놓을 수 없는 즐거움이다. 무엇보다 땀을 흠뻑 흘린 다음 먹는 음식은 아무리 평범한 밥과 반찬이라도 그 자체로 달고 고마운 성찬이 된다. 하지만 중요한 것은 우리가 먹고 마시기 위해 산에 가는 것이 아니라 산행을 안전하게 지속하기 위해서 잘 먹고 마셔야 한다는 사실이다.

최악의 날씨에 대비하라

산은 사악하지도 친절하지도 않다. 산은 단순한 유기체일 뿐이다. 하지만 우리는 산을 예측하지 못할 뿐 아니라 과학적으로 완전히 이해하지도 못한다. 산은 의지와 감정을 가지고 있지 않다. 산은 우리를 끌어당기지도 않으며 밀어내지도 않는다. 산은 우리에게 의미 있는 경험을 할 수

있는 놀라운 기회를 제공한다. 그리고 우리보다 무한하게

크기 때문에 놀라운 존재다. 산과 비교할 때 우리는 아주

작다

세계적인 등산가 메스너가 이야기하는 산은 우리나라에서 흔히 볼 수 있는 낮은 산과는 다르다. 그가 도전했던 산은 알프스나 히말라야의 최소한 해발 4000m 이상의 험준한 지형을 말한다. 그렇지만 우리가 오르는 산이 아무리 낮다고 해도 산은 산이다. 메스너의 이야기는 산이 우리 일상의 생활환경과 다른 공간이라는 것을 정확히 이해하라는 충고다. 결국 《마운티니어링》에서 말하는 대로, "등산이란 행위는 인간의 요구가 받아들여지지 않는 환경에서 이루어진다"는 것을 전제로부터 출발해야 한다는 뜻이다.

부모는 아이들이 가정의 품에서 나와 유치원과 학교에서 단체생활을 시작할 때도 집과 다른 곳이라는 사실부터 인식시켜야 한다. 집밖에는 부모처럼 막무가내로 응석을 받아줄 사람이 없고, 여럿이 함께 생활하려면 반드시 지켜야 할 규칙이 있다는 사실을 아이가 인정하고 받아들이도록 해야 한다. 산으로 가는 사람들도 마찬가지다. 등산은 산과 일상의 차이를 인정하는 데서부터 출발해야 한다.

산은 높이를 가진 지형이라는 점이 가장 중요하다. 높은 곳으로 올

라갈수록 면적이 좁아지고 기온이 떨어지고 기압은 낮아진다. 이러한 특성 때문에 산은 스스로 새로운 기상현상을 만들어내고 주변 날씨를 급격하게 변화시킨다. 따라서 등산을 시작할 때 산 아래 현재 날씨와 기온만 보고 판단해서는 안 된다.

최근에는 일기예보가 세분돼 지역마다 주요 명산에 대한 날씨 정보를 미리 확인할 수 있다. 등산에서 날씨를 고려하는 것은 안전하고 즐거운 산행을 위해 반드시 필요하다. 노련한 등산가들은 기상청의 일기예보와 별도로 산에서 구름의 움직임과 기압의 변화, 바람의 세기와 방향을 읽어 스스로 날씨를 예측할 수 있다.

산에서는 평균적으로 고도가 152m 높아질 때마다 온도가 1℃씩 떨어진다는 수치에 따라 정상의 기온을 예측한다. 예를 들면 북한산을 우이동 도선사 입구에서 산행을 시작할 때, 도선사의 해발고도는 305m이고 백운대 정상은 836m다. 두 지점의 표고 차이가 531m이므로 출발한 곳보다 정상은 3~4℃ 기온이 낮다고 보면 된다. 그러나 실제로 높은 곳에 올라가서 흠뻑 땀을 흘린 상태에서 바람을 맞으면 체감온도는 더욱 떨어진다. 보통 초속 1m의 바람이 불면 체감온도를 약 1.6℃ 정도 떨어뜨린다. 산에서 보통 흔히 만나는 바람이 선풍기로 치면 약풍 정도의 세기인데 이것이 대략 초속 5m다. 그러므로 산에서 바람이 불면 대략 8℃ 정도 체감온도가 내려간다고 볼 수 있다.

따라서 산에 갈 때는 배낭 속에 항상 여벌 옷을 챙겨 넣는 것이 기본

이다. 아무리 더운 날이라고 해도 탈진한 상태에서 바람을 맞으면 체온
이 떨어져 더욱 춥게 느껴진다. 또 산에서는 해가 일찍 진다. 해가 떨어
진 뒤에는 기온이 내려간다는 사실도 기억해야 한다. 자칫 비라도 만나
옷이 젖으면 한여름에도 저체온증으로 목숨을 잃을 수 있다. 바람과 비
를 막아주는 등산용 겉옷은 산행이 끝날 때까지 한 번도 꺼내 입지 않
는다고 해도 배낭 속에 늘 준비돼 있어야 한다.

흔히 처음부터 '고어텍스' 소재를 쓴 고가의 등산 재킷을 입고 산행
을 시작하는 사람들이 많은데, 이들은 십중팔구 초보자일 가능성이 많
다. 산을 오르는 동안 몸이 데워져 땀을 흘리기 때문에 겉옷은 금세 불
편해진다. 움직일 때는 가볍게 입고, 쉬는 동안 체온을 빼앗기지 않도
록 겉옷을 꺼내 입어야 한다. 겨울철에 필요한 오리털파카도 마찬가지
다. 배낭에 챙겨 넣은 보온용 여벌 옷은 정작 꺼내 입을 일이 없어도 만
약의 사태에 대비하는 보험 같은 것이다. 땀이 많은 어린이의 경우에는
여벌의 양말과 티셔츠 등도 따로 챙기는 것이 좋다.

모자와 등산용 스카프, 장갑, 선글라스와 같은 소품들 역시 멋을 내
기 위한 액세서리가 아니라 안전에 대비하는 준비물이라는 사실을 우
선에 두고 준비한다.

아이에게 속도를 맞추고
시간을 관리하라

처음 시작한 가족 등산인데 아이가 기대 이상으로 산을 잘 오를 수도 있다. 그러나 들뜬 마음으로 산을 오르기 시작한 아이들은 처음엔 달리기 경주라도 할 듯 생기가 돌다가도 금세 지쳐버릴 수 있다. 중요한 것은 출발할 때부터 부모가 아이와 보조를 맞추는 것이다. 아이는 눈앞에 보이는 것에만 충실할 뿐이다. 당장 길이 쉽고 편안하면 단숨에 올라갈 것 같지만 산행은 아이가 생각하는 것보다 오래 걸어야 한다. 또 산은 항상 올라간 만큼을 되돌아 내려와야 한다. 그러므로 하산할 때까지 산행 전체를 머릿속에 그리며 페이스를 조절하는 것은 부모의 몫이다. 물론 반복해서 산을 오르다 보면 아이에게도 차츰 그런 판단력이 생긴다.

우선 산을 오를 때 아이가 말을 하면서 숨이 차다고 느껴지면 너무 빨리 걷고 있는 것이다. 절대 어린아이가 부모의 속도를 쫓아가느라 무리하게 만들어서는 안 된다. 여럿이 함께 산행할 때는 가장 약하고 느린 사람의 속도에 맞추어야 한다.

길이 분명하고 안전한 등산로에서는 잠시 아이가 앞장서 걷도록 해보는 것도 좋은 방법이다. 부모의 시야에서 벗어나지 않는 정도의 거리를 두고 혼자 걸어보게 하면 짧은 순간이지만 아이에게 강렬한 느낌이 들 수 있다. 또 지친 아이를 앞에 세우면 자신감을 보이면서 새로운 의

욕이 생겨날 것이다.

하지만 가파른 오르막이나 바위를 기어올라야 하는 어려운 길에서는 경험이 많은 어른이 앞장서 뒤따라오는 아이를 도와야 한다. 자기 힘으로 충분히 자신을 돌볼 수 있을 만큼 성장한 청소년이 아니면 가능한 어린아이는 부모가 한 사람씩 앞뒤로 걸으며 안전을 살피는 것이 좋다. 앞사람이 잡아당긴 나뭇가지가 뒤따라오는 사람의 눈을 찌를 수도 있고 돌멩이를 굴러떨어지게 해 사고로 이어질 수도 있다.

걷는 동안 항상 가장 느린 사람이 뒤에 처지지 않게 속도를 조절하고, 앞사람과 거리가 너무 벌어지면 따라잡을 수 있게 쉬면서 기다려준다. 뒤처졌던 사람이 도착하면 바로 출발하는 게 아니라 그 역시 충분히 쉴 수 있도록 배려한다. 먼저 와서 기다리는 사람이 물이나 간식을 꺼내주고 편하게 쉴 자리를 양보한다. 이때 좁은 길에서 걸음을 멈추고 쉬어야 할 때는 옆으로 비켜서서 다른 등산객의 통행에 방해되지 않도록 한다. 이런 사소한 행동들이 아이에게 자연스럽게 남을 배려하는 법을 가르치게 될 것이다.

항상 속도에 연연하지 말고 함께인 시간을 즐기는 것을 최우선에 둔다. 하지만 산행속도가 예상 시간보다 너무 늦어지면 리더의 결단이 필요하다. 목표를 수정할 것인지 계속 전진할 것인지 판단하기 위해서는 오랜 경험으로부터 배울 수밖에 없다. 자신이 없다면 무리하지 말고 일단 돌아내려 가라.

등산은 출발부터 하산까지 총 산행시간에 맞추어 되돌아 내려와야 할 지점이 어디인가 미리 계산하고 있어야 한다. 처음부터 휴식시간까지 포함해 여유 있게 산행시간을 예상하지만 도중에 변수가 생기면 그날의 목표를 바로 수정할 수도 있어야 한다. 우리가 가진 체력을 100으로 보았을 때 보통 올라갈 때 40, 내려올 때 30의 힘을 쓴다고 가정하고 나머지 30은 만약의 사고를 대비해 비축해두어야 한다. 특히 어린 아이를 데리고 산행을 한다면 아버지나 산행의 리더는 하산에 대비해 더 많은 체력을 남겨두어야 한다.

결국 안전하고 즐거운 등산을 위해서는 하루 산행에 대한 총체적인 시간관리 능력이 필요하다. 계절과 시간대마다 산이 어떻게 다른 모습을 보여줄지 예상하고 그에 맞는 준비를 하면서 실제 산행에서는 상황에 따라 체력을 적절히 나누어 쓸 줄 알아야 한다. 예를 들면 하산할 때 해가 지는 서쪽 사면으로 내려가야 한다면 겨울에는 밝고 따스한 길이지만, 여름에는 탈진한 몸을 식히기가 어려워 갈증과 더위로 피로가 가중될 것이다. 결국 산행 시간을 계산하는데 개인의 체력뿐 아니라 날씨와 코스 선택에 따른 변수까지 예상해야 한다.

내려올 때 조심하고
속도를 늦춰라

대부분 안전사고는 하산 길에 긴장의 끈을 놓으면서 일어난다. 내리막길이 걷기에 편해 쉽게 느껴지지만 실제로 하산할 때 대부분 근육이 손상된다. 근육 세포는 상처를 입어도 곧바로 통증으로 전달되지 않기 때문에 문제가 커진다. 올라갈 때는 숨이 차기 때문에 힘이 들면 적절히 쉬기라도 하지만 내려갈 때는 그런 자각을 하지 못해 무리하다가 상처를 입는 것이다.

하산 길에 속도를 내고 서두르다가는 다음 날 영락없이 잠자리에서 일어날 때 다리 통증으로 꼼짝 못 하게 될 것이다. 산에 다녀온 다음 한동안 절뚝거리며 걷는 일은 훈장처럼 자랑할 일이 아니다. 산행을 하고 나면 누구나 으레 다리가 아플 것으로 생각하지만, 근육통은 하산 방법이 잘못되었을 때 나타난다. 통증은 근육 속에 염증이 생겼다는 뜻인데, 하산할 때 근력이 약한 사람의 세포에 상처가 난 것이다. 정확하게 말하면 실타래처럼 생긴 근섬유가 끊어지면서 생긴 상처인데 며칠 지나면 다시 회복되지만 그때까지 통증으로 꽤 고통받아야 한다.

산에서 내려올 때는 중력 때문에 자기 몸무게보다 두 배 이상의 충격이 다리에 전해진다. 따라서 하산할 때는 약한 사람의 짐을 나누고 배낭 무게도 줄여 주어야 한다. 그래도 아이들의 컨디션이 좋으면 가벼

안전하고 즐거운 등산을 위해서는 하루 산행에 대해 총체적인
시간관리 능력이 필요하다. 계절과 시간대마다 산이 어떻게 다른 모습을
보여줄지 예상하고 그에 맞는 준비를 하면서 실제 산행에서는
상황에 따라 체력을 적절히 나누어 쓸 줄 알아야 한다.

운 배낭은 끝까지 계속 매고 가는 것이 좋다. 산에서 넘어졌을 때 배낭이 어느 정도 충격을 흡수하기 때문이다. 하지만 배낭을 비운다고 하산전에 가지고 있는 물과 먹거리를 모두 먹어버려도 안 된다. 약간의 비상식은 항상 남겨 둔다. 하산할 때는 호흡이 가쁘지 않아 힘이 덜 드는것은 사실이지만 몸에는 하루 산행의 피로가 누적돼 있어 오히려 쉬운길에서도 탈진할 수 있기 때문에 항상 최악에 대비해야 한다.

하산할 때는 좁은 걸음으로 천천히 걷는 게 요령이다. 근육 세포의손상을 막으려면 보폭은 평소의 절반 정도로 줄인다. 특히 계단을 내려갈 때 성급한 마음에 두어 개씩 건너뛸 때 근육이 무리하게 된다. 체구가 작은 아이들은 성인을 기준으로 만들어 놓은 계단 자체가 높아서하산할 때 특히 속도를 늦춰야 한다. 대부분의 등산로 경사가 어른이100번 정도 내디딜 때 어린이는 250번을 디뎌야 할 정도로 차이가 난다. 그러므로 아무리 체력이 좋은 어린이라도 어른을 따라가는 일 자체가 쉽지 않다. 너무 가파른 곳을 내려갈 때는 무게가 앞으로 쏠려 고꾸라질 수 있으므로 난간이나 로프를 붙잡고 뒤로 내려가는 것이 낫다.

스포츠의학 전문가들의 경우 어린이는 경사가 낮은 산에서 1~2시간등산이 적당하며 4시간 이상 장거리 산행에 데려가지 말라고 충고한다. 뼈와 근력이 완성되지 않은 상태라 무릎이 손상되기도 쉽고, 인대보다 뼈가 약해서 넘어졌을 때 쉽게 골절된다는 사실도 기억해야 한다.

무사히 등산을 마친 다음에도 출발할 때처럼 가벼운 스트레칭으로 몸을 풀어준다. 근육통은 산행 직후 풀어줘야 효과가 크다. 피곤하다고 그냥 잠이 들면 다음 날 아침이면 통증이 더 심해진다.

스마트폰과 적당한 거리 두기

예전에는 등산로 입구에서 으레 휴대전화 전원을 끄고 산행을 시작했다. 요즘에는 산행하는 도중에도 스마트폰으로 사진을 찍어 곧바로 전송하고 실시간 중계방송을 하는 사람들도 많다. 산에서 자연과 만나는 고독한 순간보다 멀리 있는 사람들과 소통하기 바쁜 모습을 자주 만나게 된다. 산에서도 때때로 전화벨이 울리고 주위 사람 아랑곳하지 않고 큰 소리로 통화하는 사람들도 늘었다. 산에 왔다고 자랑하며 목소리가 커지는 어른들의 모습은 아이들 보기에도 민망하다. 음악을 크게 틀어 놓고 산길을 걷는 것도 마찬가지다.

영화나 공연 시작하기 전에 휴대전화 전원을 꺼두는 것처럼, 등산을 시작하는 순간 대자연과의 만남에 몰입하기 위해서는 일상과 연결된 스위치를 끄는 훈련을 해보자. 대신 산에서는 자연의 소리에 귀 기울이고 함께 걷는 아이에게 집중하자.

산에서 휴대전화는 비상용품이라는 생각으로 배터리를 아껴야 한다. 산악지형의 특성상 전파가 도달하는 것이 일정하지 않아 상대적으로 평지보다 배터리 소모량이 많다. 항상 여분의 배터리를 따로 준비하고 산행 중에는 전력 소모를 최소화하도록 스마트폰의 기능을 재설정한다. 국립공원 대피소에서 묵을 경우 배터리를 충전할 수도 있지만 대부분 산에서는 달리 방법이 없다. 간혹 등산로 중간에 구조용 긴급통화를 할 수 있는 전화기가 설치된 곳도 있다. 하지만 그곳까지도 직접 달려가는 것 외에는 달리 방법이 없다. 물론 산에서 만나는 다른 등산객에게 도움을 청할 수 있지만, 비상용품이란 길을 잃고 외따로 떨어진 상태에서 날은 저물고 상처를 입어 옴짝달싹도 못 하게 되는, 그야말로 최악의 상황에 대비하는 것이다.

산에서 휴대전화의 배터리를 아끼기 위해 별도의 카메라를 준비하는 것도 요령이다. 요즈음 스마트폰 카메라의 기능이 좋아 대부분 휴대전화로 사진도 찍고 동영상 촬영까지 한다. 하지만 정작 필요한 때 사진도 찍을 수 없게 되거나 아예 전화기조차 사용할 수 없게 되면 곤란하다.

사실 배터리 문제만 해결한다면 낮은 산에서는 스마트폰을 등산에 활용할 방법이 많다. 처음 보는 꽃이나 나무를 발견하고 아이들이 이름이 궁금해할 때, 사진으로 찍어서 바로 검색할 수도 있다. 사진을 찍을 때 GPS 정보가 입력되게 기능을 설정해두면 나중에 사진 자료를 정리할 때 정확한 위치와 시간 등을 파악할 수 있어 편리하다. 일찍이 GPS 정보가 입력된 사진이 있었으면 과거 히말라야 등산의 세계에서 심심

찮게 일어났던 등정 시비 논란들도 말끔히 해결되었을 것이다.

사진을 찍는 순간 카메라가 실시간으로 모든 위치 정보를 기록한다는 것, 또 그런 고급 정보를 일반인도 손쉽게 무료로 사용할 수 있게 된 것은 분명 놀랍고 반가운 일이다. 나침반과 고도계 기능이 있는 스마트폰 등산 어플리케이션을 이용하면 현재 자기 위치를 정확하게 검색할 수도 있다. 과거에는 히말라야 원정대들이나 사용하던 고가의 장비가 갖추고 있던 첨단 기능이었다.

스마트폰의 위치기반 서비스를 이용하면 산행에서 이동 경로, 이동 시간, 거리, 현재 속도, 고도 등의 정보를 실시간 검색할 수도 있다. 만일 사고를 당해 전화로 구조신고를 해야 할 경우 자신이 있는 위치 좌표로 정확히 설명할 수 있다면 큰 도움이 된다. 등산 어플리케이션 가운데는 사용자들의 산행정보를 공유하며 앱에서 정상 등정 메달을 주는 식으로, 동호인들의 놀이문화를 만들어 인기를 얻은 것도 있다.

그러나 이런 편리한 기능들이 결코 좋기만 한 것은 아니다. 내비게이션에 의존하느라 길눈이 어두워진 운전자들을 생각해보라. 휴대전화 저장 기능 때문에 식구들 전화번호도 제대로 외우지 못하고 있는 자신을 돌이켜보자. 첨단기기에 의존하는 일은 점점 더 자신의 감각과 뇌 기능을 퇴화시킬 뿐이다.

우리가 아이들과 산으로 가는 진짜 이유는 편리함에 익숙해진 일상으로부터 잃어버린 능력들을 깨우고 싶어서가 아닐까. 아이들이 궁금해하는 꽃과 나무들도 스마트폰으로 바로 답을 찾으면 금세 잊어버리고 만다. 집으로 돌아와 직접 식물도감을 꺼내 책을 뒤적이면서 발견한 것이 진짜 산지식이 된다는 점을 기억하자.

평생 잊을 수 없는 산행이 준 추억

비 내리는 오대산 산행에서 천국과 지옥을 모두 경험한 아이들

큰 딸아이가 중학교 1학년 여름방학 때 아빠 친구들과 오대산 산행을 함께 한 일이 있다. 진고개에서 노인봉을 올라가 소금강으로 하산하는 코스였다. 노인봉은 1338m의 높은 봉우리지만 산행을 시작하는 진고개 휴게소의 높이가 970m이기 때문에 정상까지 3.9km의 오르막길 이후에는 완만한 계곡 길을 따라 큰 어려움 없이 하산할 수 있다. 더구나 소금강 코스는 이름 그대로 금강산을 옮겨놓은 듯 수려한 경치를 자랑하기 때문에 내리막길 내내 지루한 줄을 모른다. 7시간 정도 다소 긴 산행이지만 기초체력만 있으면 큰 어려움이 없는 코스다.

애초 중학생 아이들과 아빠들이 함께하기로 한 등산이었다. 그런데 한 집에서 초등학교 3학년짜리 둘째가 언니를 따라 나서면서 계획했던 것과 다른 산행이 시작되었다. 일행은 전날 가까운 숙소에 여장을 풀고 아침 8시쯤 진고개에서 산을 오르기 시작했다. 우리 집 큰딸을 빼고는 모두 등산 경험이 없는 아이들이었다. 갑작스레 산행에 합류한 막내에게는 다소 무리한 일정이었지만, 난생 처음 산에 가는 일로 가장 설레는 아이였다. 초반에는 막내가 가장 유쾌하게 산을 오르며 중학생인 제 언니보다 컨디션이 좋았다. 하지만 노인봉 정상에서부터 하산 길에 이르러 아이들의 체력이 급격히 떨어지기 시작했다.

산행시간이 길어지면 지치기 시작한 아이들은 다리에 힘이 풀려 자칫 발목이 접질리거나 넘어지기 쉽다. 짜증이 늘고 심하게 보챌 수도 있다. 이럴 때 아이들을 잘 달래고 사기를 북돋아 끝까지 안전하게 산행을 마무리할 수 있도록 하는 게 보호자의 몫이다. 이를 위해서는 보호자가 아이를 책임질 수 있을 만큼 체력이 충분해야 한다. 자기 몸이 지치고 피곤한 상태에서는 부모라고 해도 사소한 감정에 휘둘려 아이에게 화를 내기도 쉽다.

이 날은 설상가상으로 궂은 날씨에 시작한 산행이 하산 길에 이르러 빗방울이 굵어졌다. 평소 산행을 자주 하는 어른들이야 급변하는 날씨에 대비할 수 있는 기능성 의류를 잘 갖춰 입었지만 아이들이야 그저 활동하기 편한 옷을 입었을 뿐이었다. 걸음이 느려진 아이들이 비에 젖으면서 체온까지 떨어지면 위험해진다. 이미 아이들은 한기를 느끼고 오들오들 떨기 시작했다.

큰 아이들을 중심으로 계획했던 코스에 어린 동생이 합류한 상태에서 그대로 강행한 것부터 문제였다. 막내 때문에 팀 전체의 속도가 점점 늦어지고 있었다. 반면 체력이 좋은 사내아이와 우리 큰딸은 비가 오자 빨리 내려가고 싶은 마음에 조바심을 쳤다. 이럴 때 리더는 결단을 내려야 한다.

우선 상태가 양호한 중학교 3학년 사내아이와 딸아이를 먼저 내려보냈다. 하산 코스는 계곡을 따라 데크와 계단 등으로 길이 분명해 초행이라고 해도 길을 잃을 염려는 없었다. 산을 내려가는 다른 등산객들만 따라가면 무사히 목적지에 도달할 수 있기 때문이다. 다행히 딸아이는 오래전에 소금강 야영장에서 캠핑을 해본 경험이 있어서 어렴풋이 목적지 주변을 기억하고 있었다. 두 아이가 먼저 내려가 식당에서 비를 피하며 따뜻한 음식을 먹으며 기다리게 한 다음, 나머지 어른 셋이서 지친 중학생과 초등학생 자매를 데리고 천천히 내려가기로 한 것이다. 최악에는 탈진한 두 아이를 업고 가야 할 상황이 생긴다면 나머지 한 사람이 모두의 배낭과 짐을 챙겨야 하기 때문이다.

아이들이 지치면서 먹는 것조차 힘들어했다. 하지만 따뜻한 물과 초콜릿 같은 열량이 높은 간식을 수시로 먹여 체온이 떨어지는 것을 막았다.

다행히 아이들은 모두 제 힘으로 끝까지 걸어서 내려왔다. 더 이상의 큰 사고 없이 무사히 산행이 끝날 수 있던 것은 큰 행운이었다. 어른들도 장마철에 비에 젖은 채로 산행하다 저체온증으로 목숨을 잃는 경우도 종종있기 때문이다.

먼저 산에서 내려간 두 아이나 두어 시간 가까이 늦게 하산한 자매 모두 저마다 잊지 못한 무용담을 만들어 낸 산행이었다. 당시 산행에서 어떤 것이 가장 좋은 선택이었는지에 대해 정답은 없다. 애초에 시작도 하지 않았다면 그런 고생과 위험을 겪을 필요도 없었을 것이다. 어른들 없이 낯선 길을 스스로 하산한 아이들이 느낀 가슴 떨리던 도전과 모험의 시간도, 뒤처진 자매에게 악몽 같은 고난의 행군에서 살아 돌아온 극적 체험도 아예 없었을 것이다.

우리는 아이들을 단련시키려고 일부러 위험한 선택을 할 수도 없고 해서도 안 된다. 하지만 안전하다고 믿었던 모든 산행에는 이렇게 예기치 못한 변수들은 언제든지 일어날 수 있다. 인생도 마찬가지 아닌가.

오랜 시간이 흐른 뒤 당시 막내였던 아이가 산행을 함께 하던 언니 오빠들처럼 중학생이 되었을 때, 이야기를 나눈 일이 있다. 비에 젖은 채로 오들오들 떨면서 입술이 파랗게 질려 있던 아이는 그때 일들을 생생하게 기억하고 있었다. 일생일대 잊을 수 없는 추억에 대해 아이는 동화 속 주인공의 무용담처럼 이야기했다.

안전하고 즐거운 등산을 위해 도움될 만한 것들

산은 인류를 위해 세워진 학당이고 가람^{伽藍}이다.
학생에게는 전적^{典籍}의 보고이며,
근로자에게는 소박한 휴양과 교훈 그리고
온화함을 베풀어주고, 사색가에게는 고요하고
깊은 상념이 되어준다.
순례자에게는 신성한 영광이 되어준다.

●존 러스킨●

등산용품을 만드는
기능성 소재의 특징

처음 등산용품점에 들어선 사람들 대부분 고어텍스, 비브람, 쿨맥스 등 등의 전문용어들 때문에 어리둥절해 하다가 공연히 꼭 필요하지도 않은 제품까지 비싼 값을 치르게 되기도 한다. 등산용품을 만드는 소재의 특성만 제대로 알아도 제품을 고르는 눈이 밝아진다. 선택의 가장 중요한 기준은 산에서 만나는 바람과 비, 추위, 땀으로부터 몸을 어떻게 보호할 것인가에 달려 있다. 기억해야 할 것은 대부분 등산의류의 원단은 특수한 기능을 입힌 화학섬유라는 점이다. 민감한 아이 피부에 미치는 영향에 대해서는 소비자 스스로 판단해야 한다.

눈비는 막아주고 땀은 내보내는 방수 투습 원단

등산 하면 고어텍스gore-tex가 떠오를 정도로 유명한 기능성 섬유의 대표 주자가 있다. 고어텍스는 상품 이름이 아니라 고어Gore라는 회사에서 만든 방수 투습 기능을 가진 원단tex의 이름으로 주로 등산용 재킷과 신발 등에 쓰인다. 이 원단은 바깥에 있는 물방울은 천 안쪽으로 스며들지 못하지만 내부의 수증기는 통과시킨다. 물 분자보다는 작고 수증기 분자보다는 큰 구멍을 미세하게 뚫어놓은 얇은 필름을 나일론 천에 붙여서 만들었기 때문이다. 고어텍스 원단으로 만든 겉옷이나 신발은 산에서 비나 눈을 맞아도 젖지 않는 대신 몸 안에서 생긴 땀으로 인해 생긴 수증기는 밖으로 배출이 되는 장점이 있다. 고어는 이 원단 발명자의 이름이기도 하다. 그러므로 서로 다른 등산용품 브랜드마다 이 원단으로 만든 옷에는 별도의 고어텍스 라벨이 붙어 있다. 고어텍스 원단을 쓰는 순간 제품 가격은 비싸진다. 그러나 고어텍스가 만능은 아니다. 오래 쓰거나 세탁을 자주하면 자연히 기능이 떨어진다. 이 원단을 대신할 방법은 부지런히 환기를 시켜 몸 안의 땀을 식혀주는 것이다.

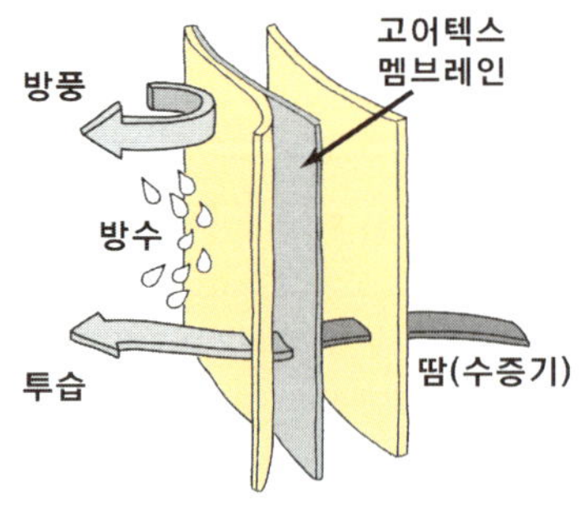

젖은 몸을 빨리 마르게 하는 속건성 섬유

산에서는 체온조절이 가장 중요하기 때문에 땀에 젖는 등산용 속옷을 만드는 재료로 주로 쓰인다. 미국 듀폰사에서 만든 쿨맥스^{coolmax} 섬유가 대표 상품인데 빨리 마르게 해서 시원함^{cool}을 극대화^{max}했다고 선전하는 이름이라고 보면 된다. 쿨론, 쿨에버 등의 이름을 가진 여러 비슷한 소재들이 있다.

속건성^{速乾性} 원단은 면보다 최대 14배 이상 빠르게 마르는 성질이 있어, 만일 비에 젖은 채로 산길을 걷는다고 하면 걷는 동안에도 체온으로 옷이 마른다. 정전기가 심하고 피부와 직접 닿는 제품이기 때문에 면혼방 제품들도 나오고 있다.

따뜻함을 지키는 보온섬유

쾌적하고 따뜻한 옷을 만드는 최적의 섬유는 양모지만 가격이 비싸다 보니 이를 대신할 기능성 섬유들이 많이 만들어졌다. 파일^{pile}, 폴라 플리스^{polar fleece}, 폴라 텍^{polar tec} 등의 이름으로 나와 있는 합성섬유 제품이 주로 보온기능을 갖춘 의류 소재다. '폴라'라 붙은 원단은 극지방의 혹한도 견딜 수 있다고 선전하는 것이라 이해하면 쉽다. 최근에는 히트, 보일러 등을 이름에 덧붙인 원단들도 나왔다.

보온을 위해 만든 원단은 바람은 막아주지는 못하는 단점이 있다. 겨울에 털스웨터만 입으면 바람이 숭숭 파고들기 때문에 바람막이 겉옷이 필요한 것처럼, 아예 보온용 원단 사이에 방수 투습 기능 원단을 끼워 넣어 만든 윈드 스토퍼, 윈드 블록 등의 소재도 있다.

미끄러지지 않게 도와주는 신발창

신발 바닥 밑창에 쓰는 대표적인 소재로 비브람vibram과 스텔스Stealth가 있다. 비브람은 이탈리아 비브람사의 합성고무창으로 바닥에 요철 형태 홈이 파져 주로 가죽 중등산화 창으로 쓰인다. 스텔스는 바위에서 미끄러지지 않도록 하는 접지력이 뛰어난 창이다. 비브람이나 스텔스 창을 사용한 신발은 바닥에 상표 로고가 박혀 있고, 마모가 되면 창을 갈아 신을 수도 있다.

등산용품 고르고
사용하는 법

등산화와 등산 양말

등산화를 신은 아이들은 특별한 유니폼을 입은 것처럼 산에서 걸음걸이에 자신감이 생긴다. 등산화는 앞굽이 견고해 발가락을 충격으로부터 보호해주고 밑창이 단단하고 미끄러지지 않도록 만들어졌기 때문이다. 하지만 하루가 다르게 쑥쑥 자라는 아이들에게 선뜻 값비싼 등산화를 사주는 게 부담스러운 부모들도 많다. 그래서 시중에는 여분의 깔창을 덧대 치수를 조절할 수 있다고 아이디어를 낸 제품까지 나왔다.

처음 숲에서 가볍게 산책을 시작할 때는 발이 편한 운동화를 신고도 충분히 잘 걸을 수 있다. 단 산에 오를 때는 운동화라고 해도 돌부리에 걸렸을 때 발가락을 보호할 수 있도록 앞부분이 단단하고 바닥도 두툼한 것을 신어야 한다. 또 끈으로 조일 수 있어야 신발과 발이 따로 놀지 않아 부상 위험이 줄어든다.

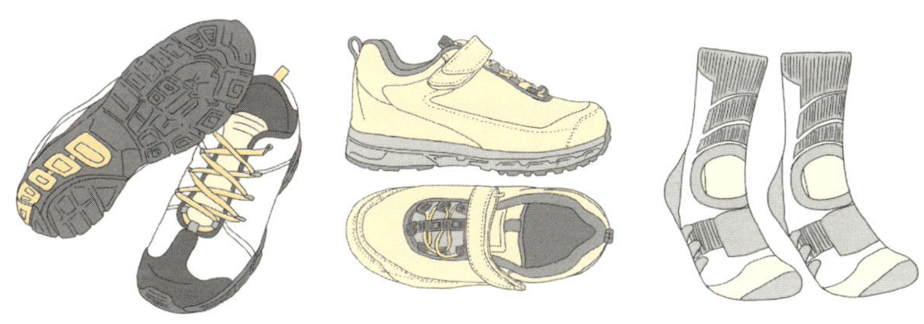

특히 바위가 많은 우리나라 산에서는 신발 밑창의 접지력이 좋아야 미끄러지지 않고 안전하게 산을 오르내릴 수 있다. 그러므로 아이가 본격적으로 등산에 대한 의지를 보여 높은 산을 오래 걸어야 할 때쯤이면 제대로 된 등산화를 마련하는 게 좋다. 성장이 빠른 청소년은 자기 발에 맞는 성인용 등산화를 골라 신으면 된다. 중요한 것은 치수와 상

관없이 아이 발에 맞는지 직접 신어보고 골라야 한다는 점이다. 디자인에 따라 발볼이나 발등의 두께 등이 차이가 나기 때문에 실제 등산할 때처럼 두툼한 등산용 양말을 신었을 때 발이 편한 것을 고른다. 너무 무거운 등산화는 자칫 아이들의 보행을 힘들게 할 수도 있다. 꽉 조이는 신발은 혈액순환을 방해해 겨울에는 동상에 걸리기 쉽고, 헐렁한 신발은 걷기가 불편하다.

등산 양말은 면제품은 피한다. 면은 흡수력은 좋지만 빨리 마르지 않기 때문에 땀으로 발이 젖은 상태로 오래 걸으면 물집이 생길 수 있다. 겨울에는 동상의 위험도 따른다. 발은 무척 예민한 곳이어서 조그만 상처만 있어도 걷기가 힘들어진다. 등산 양말은 발뒤꿈치 조직을 한층 두텁게 짜서 충격을 흡수하도록 만들었다. 여름에도 등산할 때는 목이 길고 너무 조이지 않는 것을 신고, 산행시간이 길어지면 갈아 신을 수 있는 여벌의 양말도 준비한다.

배낭과 베이비캐리어

등산용 배낭과 아이들이 책가방으로 쓰는 일반 백팩의 가장 큰 차이점은 등판과 멜빵 시스템에 있다. 등산용 배낭은 무게를 고르게 분산시켜 체력소모를 줄이는 데 중점을 두고 만들었다. 우선 등판의 모양이 인체공학적으로 설계되었고 멜빵에도 허리벨트와 가슴 조임끈이 달려 있어 배낭을 메면 아기를 업은 것처럼 등에 완전히 밀착된다. 또 배낭을 풀지 않고도 가벼운 소지품을 바로 꺼낼 수 있는 주머니와 고리들을 쓰임새 있게 장착한 것도 특징이다.

그러나 이런 기능들이 추가될수록 배낭 자체의 무게가 커진다는 단점도 있다. 어린이 배낭을 고르는 데 중요한 것은 자녀의 나이에 맞게 감당할 수 있는 무게를 고려해야 한다는 점이다. 뼈와 근육이 충분히 성장하지 않은 어린이에게 무거운 짐을 지게 하는 것은 성장판에 해를 끼칠 수 있다. 배낭 무게만큼 산에서 내려올 때 무릎에 가해지는 충격도 가중된다는 사실도 기억해야 한다.

배낭은 바닥 부분이 골반선 위쪽으로 올라가게 어깨끈의 길이를 조절해 몸에 밀착시킨다. 허리벨트는 어깨로 쏠리는 무게의 30% 정도를 받쳐주면서 척추를 보호해주는 기능도 있다. 허리벨트 앞쪽에 작은 주머니가 달려 있으면 바로 꺼내 먹을 수 있는 행동식이나 휴대전화 등

을 보관하기 좋다.

등산용 배낭 제조사에서 만든 베이비캐리어는 산행 뿐 아니라 일상생활에서도 아기를 업을 때 편리하게 사용할 수 있다. 사용자의 신체 조건에 따라 시트를 조절할 수 있는 제품을 시용하면 목을 가눌 수 있는 시기부터 아기가 혼자 아장아장 걸을 때까지 계속 사용할 수 있다. 등산용 베이비캐리어는 프레임이 있어 외부 충격으로부터 아이를 안전하게 보호하고, 비나 햇빛으로부터 아기를 보호하는 차양이 달려 있기도 하다. 등산용 멜빵과 등판 시스템이 장착돼 있어 보통의 아기 띠보다 아기를 업고 활동하기 편리하다. 캐리어에는 간단한 아기용품을 넣을 수 있는 수납공간도 있다.

등산의류

등산을 할 때 입는 옷은 속옷과 보온의류, 바람막이 겉옷 등이 필요하다. 등산용 속옷은 땀을 잘 흡수하고 빨리 마르는 것이 제일 중요하다. 평소 아이들에게 입히는 천연섬유인 면제품은 흡수력은 좋지만 땀에 젖은 채로 체온을 빠르게 빼앗아 가는 단점이 있다. 한 번 젖은 면섬유는 겨울산에서는 자칫 얼어버릴 수도 있다. 대신 등산용 속옷은 촉감이 좋고 빨리 마르는 기능성 소재를 선호한다. 기능성 섬유는 땀이나 비에 젖은 채로 산행해도 걷는 동안 발생하는 체온에 의해 옷이 금세 마르기 때문에 쾌적한 상태를 유지해준다. 민감한 피부 때문에 천연섬유로

옷을 골라야 한다면 등산용으로는 면보다 모제품이 좋다.

보온 의류로는 기모처리를 한 플리스 소재의 셔츠나 겨울에는 우모 제품을 준비한다. 산에서는 배낭 속에 항상 여벌의 보온용 옷을 준비해 필요에 따라 여러 겹을 겹쳐 입을 수 있도록 한다.

방수 방풍 기능을 갖춘 겉옷은 비바람을 막아주는 재킷으로 속에 여러 겹의 옷을 겹쳐 입을 수 있도록 품이 여유 있는 것을 고른다. 비가 올 때는 방수기능만큼이나 습기를 빠르게 건조시켜 주는 게 관건인데 고가의 등산 재킷에서 강조하는 것이 방수 투습기능이다. 비와 바람은 차단하면서 땀으로 인해 생긴 내부의 습기를 빠르게 배출시켜 줄 수 있어야 쾌적한 산행을 할 수 있기 때문이다. 이런 기능성 겉옷은 평소 얼룩 같은 오염부위만 닦아내고 먼지만 털어서 보관하면 된다. 크게 더럽혀지지 않은 이상 일상복처럼 자주 빨래할 필요는 없다.

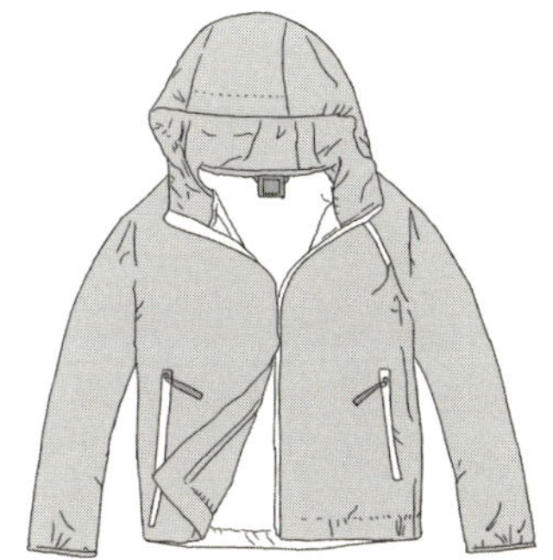

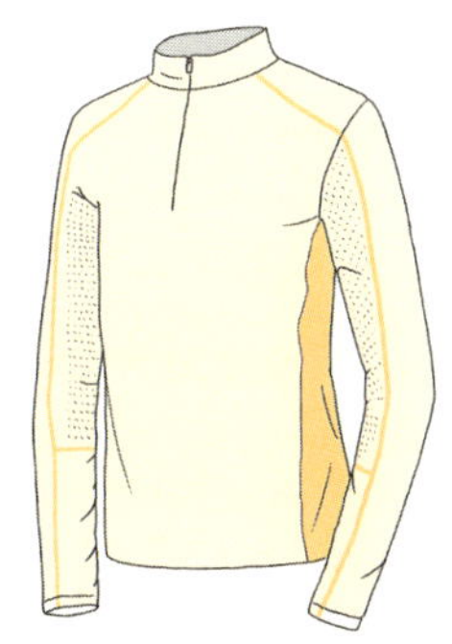

산에서는 체온 유지를 위해 여러 겹의 옷을 겹쳐 입는 것이 효과적이고 상황에 따라 부지런히 옷을 벗거나 껴입어야 한다. 걷는 동안 입고 있는 옷을 벗어 배낭에 넣거나, 배낭 속에 있는 옷을 꺼내서 껴입는 일을 귀찮아하지 말아야 한다. 그 시간을 이용해 다리를 쉬면서 물도 마시고 휴식을 취한다고 생각하며 적극적으로 옷을 갈아입는다. 아이들의 경우 부모가 계속 상태를 점검하며 상황에 따라 옷을 갈아입도록 도와야 한다.

모자와 장갑

산에서 모자는 멋을 내기 위한 소품이 아니라 안전을 지켜주는 중요한 장비다. 계절에 상관없이 자외선을 막으려면 반드시 필요하고 적정체온을 유지하는 데도 모자가 큰 역할을 한다.

여름 모자는 통풍이 잘되는 제품으로 햇빛을 반사하는 밝은색으로 고르는 게 더위를 피하기 좋다. 모자에 스카프를 덧대 목덜미까지 차양처럼 가려주면 훨씬 시원하다. 체온이 빠르게 상승하는 어린아이가 땀을 많이 흘릴 때는 모자를 자주 벗어 강제로 열을 식혀준 다음 다시 쓰도록 한다.

겨울 모자는 보온 기능에 충실해야 한다. '발이 시리면 모자를 써라.' 하는 말은 등산에서 중요한 안전지침이다. 머리는 인체의 열이 가장 많이 빠져나가는 통로이기 때문에, 귀까지 가릴 수 있는 털모자를 쓰고, 바람이 불 때는 겉옷 재킷에 달린 모자까지 덮어 써야 한다. 이때 재킷에 달린 모자에 조임끈이 달려 있으면 바람에 벗겨지지 않아 편리하다.

모자와 마찬가지로 겨울 산에서 체온 유지와 동상을 예방하기 위해서는 장갑이 꼭 필요하다. 장갑은 아이들뿐 아니라 어른들도 산에서 잃

어버리기 쉬우므로 대부분 등산용 장갑에는 고리가 달려 있다. 장갑을 벗을 때 반드시 주머니 속에 집어넣거나 고리를 배낭 같은 데 걸어두도록 한다.

물통

뚜껑이 물병에 분리 되지 않게 고리로 연결되어 있고, 입구가 큰 것이 편리하다. 외부충격과 온도변화에 강한 플라스틱 재질의 물통과 함께 가벼운 보온병을 같이 준비하면 좋다.

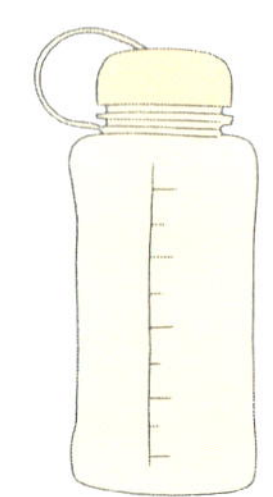

알파인스틱

등산용 스틱을 사용하면 체력 소모를 줄이고, 걷는 속도도 높일 수 있으며 하산할 때 무릎의 충격을 줄여주는 장점이 있다. 그러나 초보자가 스틱을 잘못 사용하면 도리어 팔목에 무리한 힘을 주게 돼 통증을 유발할 수도 있다. 또 스틱의 길이도 오르막에서는 짧게 내리막에서는 길게 조절해야 하는데, 오르막과 내리막이 반복되는 산에서 자주 길이를 조절하는 과정이 초보자에게 쉽지 않은 일이다. 무분별한 스틱 사용으로 인한 등산로 훼손도 심각한 수준이므로 꼭 필요한 경우에만 사용하는 것이 바람직하다. 등산용 스틱은 반드시 두 개를 동시에 사용해야 무릎의 충격을 줄여주는 효과를 볼 수 있다.

자외선차단용품

다른 야외활동처럼 등산할 때도 눈과 피부를 보호하기 위한 꼼꼼한 대비를 해야 한다. 평소처럼 아이 피부에 맞는 자외선차단제를 바르고, 선글라스는 충격에 강한 스포츠용 고글을 착용하는 것이 좋다. 특히 산은 고도가 높아질수록 자외선 양이 증가하기 때문에 피부가 약한 어린이 보호에 신경을 써야한다. 눈으로 뒤덮인 설산을 오르는 고산등반가들에게는 자외선 차단 뿐 아니라 눈에 반사되는 강렬한 햇빛이 시력을 손상시키기 때문에 선글라스가 중요한 안전용품이다. UV코팅이 된 등산용 스카프를 이용해 목덜미 등을 보호해주는 것도 좋다.

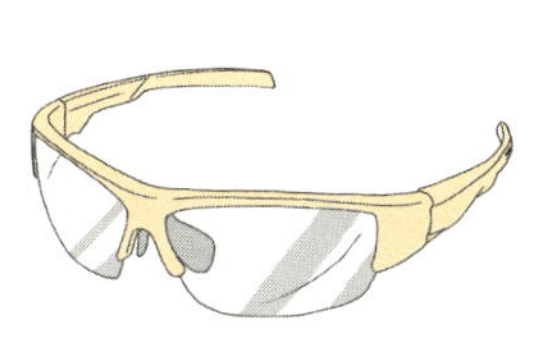

조명기구

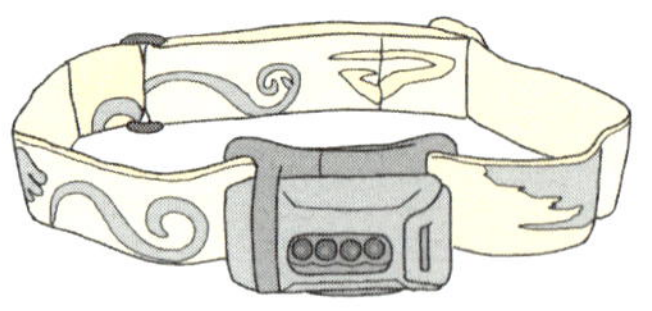

산에서는 손전등보다 이마에 붙여서
두 손을 자유롭게 쓸 수 있는 등산용
헤드램프가 편리하다. 하산 시간이 늦
어져 어두워지는 경우를 대비해 배낭 속
에 작은 손전등이나 헤드램프 등의 휴대용 조명기구를 챙겨 가지고 다
닌다.

아이젠과 스패츠

눈과 얼음이 있는 겨울 산을 오를 때 아이젠과 스패츠(게이터)가 필요
하다. 등산용 아이젠은 쇠로 만든 징을 고무나 체인 등으로 연결해 등
산화 위에 신고 벗기 편리하게 만들어졌으므로 신발 크기에 맞추어 고
른다. 스패츠는 신발과 바짓단 사이로 눈이나 습기가 들어오는 것을 막

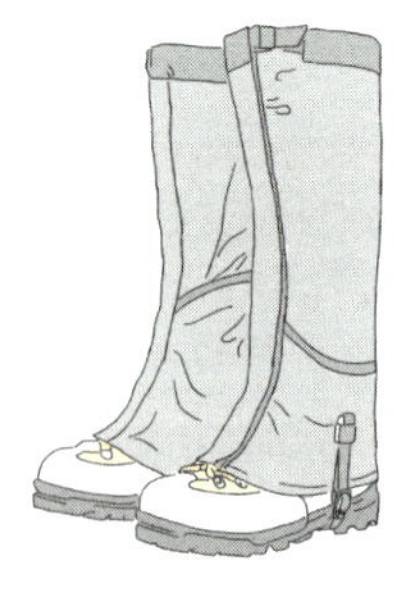  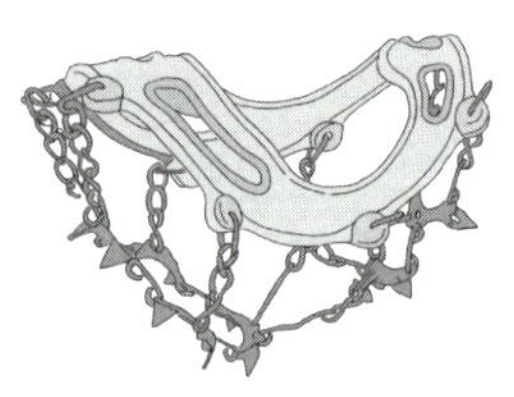

기 위해 무릎 아래부터 등산화 발등을 덮도록 만들어진 방수용 각반이다. 눈 덮인 겨울산을 오를 때는 발을 냉기로부터 보호하기 위해 반드시 필요하다.

등산을 전문적으로
배우는 법

등산교육 기관

2008년 산림문화휴양에 관한 법률이 시행되면서 산림청 산하기관인 한국등산트레킹지원센터가 설립되는 등 국민들의 등산 활동에 대한 공공기관의 지원활동들이 풍부해졌다. 국립공원관리공단과 대한산악연맹 등산교육원 등에서 열고 있는 국민등산학교와 한국등산학교, 코오롱등산학교 등 여러 전통 있는 사설 등산학교 등을 통한 등산교육 프로그램도 다양하게 열리고 있다. 과거 소규모 산악회나 사설 등산학교에서 서로 다른 방식으로 진행하던 등산교육들도 체계적으로 정리되었고, 전문 등산지도자를 양성하는 교육활동도 많아졌다.

등산교육기관에서 부모가 참가할 수 있는 성인교육 프로그램은 등산의 기초와 응용 과정 외 산악구조대 과정 같은 전문가 교육까지 세분화 되어 있다. 특히 혼자서 익히기 어려운 독도법 등은 등산학교를 통해 배우고 나면 가족 산행을 이끄는 리더에게 도움이 될 것이다.

한국등산트레킹지원센터 홈페이지 교육자료실에는 전국의 사설 등산교육기관과 등산트레킹 학교의 다양한 교육에 대한 안내를 받을 수 있다. 등산트레킹학교에서는 해마다 성인을 대상으로 하는 일반등산교실, 여성등산교실, 실버등산교실 외에도 청소년등산교실, 청소년백두대간 생태탐방과 소년소녀 가장등산교실, 다문화가정 등산교육, 장애인 등산교실 등 다양한 형태의 등산교육이 열린다. 이중 청소년 등산교실은 대부분 학교나 동아리 등의 단체 참가 신청을 받는데, 등산의 기초를 배우는 1일 과정 외에도 1박 2일의 트레킹과정, 사회소외계층과 함께 하는 사회적 약자 하나 되기 과정, 청소년봉사활동을 인증해주는 '100대 명산 클린캠프' 등도 있다.

대한산악연맹 등산교육원에서는 등산강사, 등산지도자 과정을 통해 전문 등산교육인력을 양성하는 한편 국민등산학교 프로그램도 운영하고 있는데, 청소년을 위한 등산리더십 양성과정도 있다.

국립공원관리공단에서 운영하는 북한산생태탐방연수원에는 청소년과 일반인을 위한 다양한 교육 프로그램이 있다. 공공기관을 대상으로 하는 안전산행지도자 과정과 일반 시민을 위한 '자연을 배려하는 산행교실' 등을 열고 있는 국립공원등산학교와 14~19살 청소년을 위한 국립공원청소년자연캠프와 8~13살 어린이을 위한 'I Love Mountain' 등이 있다.

이밖에도 등산아웃도어 업체에서 운영하는 고객을 위한 다양한 등산체험프로그램 등을 통해 경험이 많은 사람들과 교류하면서 배우는 것도 등산의 지평을 넓히는 좋은 방법이다.

• 다양한 등산교육과 체험프로그램 정보를 얻을 수 있는 곳

한국등산트레킹지원센터 www.komount.kr

대한산악연맹 등산교육원 www.kafedu.or.kr

국립공원관리공단 북한산생태탐방연수원 eco-institute.knps.or.kr

한국등산학교 www.alpineschool.or.kr

코오롱등산학교 www.mountaineering.co.kr

(사)한국등산연합회 www.ikma.or.kr

박영석탐험문화재단 www.pysf.or.kr

스포츠클라이밍

스포츠클라이밍은 본래 암벽등반 기술을 향상할 목적으로 실내에 인공 암벽을 만들어 트레이닝을 하던 것이 본격적인 운동경기로 발전한 것이다. 스포츠클라이밍 대회는 인공암벽에서 난이도 경기, 속도 경기, 볼더링 경기 등으로 기량을 겨루는데, 1985년 이탈리아의 아르코에서 국제대회가 열린 것을 시작으로 새로운 경기등반 종목으로 널리 확산되었다. 최근 우리나라의 김자인 같은 스타 선수들이 세계 챔피언으로 활동하면서 청소년들 사이에서도 관심이 높아졌다. 스포츠클라이밍 대회는 아직 올림픽이나 아시안게임 같은 정식 종목으로 채택되지는 않았지만 다양한 국제대회가 열리고 있다.

실내외에 인공으로 만든 인공암벽에서 안전장치를 갖추고 하는 운동이기 때문에 프로 선수뿐 아니라 아마추어 동호인들의 체력단련을 위한 일상 운동과 다이어트 프로그램으로도 효과적이다. 최근에는 청소년 방과 후 교실이나 문화센터 프로그램 등으로도 쉽게 접할 수 있다. 전문지도자에 의한 안전교육과 함께 이루어지고 대부분 장비를 대여해주기 때문에 누구나 어렵지 않게 시작할 수 있다.

스포츠클라이밍은 중력에 대항해 자신의 체중을 수직으로 끌어올리는 역동적인 운동이라는 특성 때문에 도전정신과 강한 성취감을 느끼게 해준다. 이런 특성은 학교나 대인관계에 제대로 적응하지 못해 곤경에 처한 청소년들에게 도움을 줄 수 있다. 실제로 좌절감과 무력감에 빠져 컴퓨터 게임 등으로 시간을 보내는 부적응 학생들을 위한 선도프로그램으로 긍정적인 효과를 보여준 사례가 많다. 교사나 학부모들도 등산의 긍정적인 치유 효과에 대해 알고 있지만 사실 평소 학교생활과 등산을 병행하기는 쉽지 않다. 반면 실내 인공암벽에서 등산의 모험적 요소를 발전시킨 스포츠클라이밍은 일상적인 운동으로 지속할 수 있는 게 큰 장점이다.

지역별 청소년수련관이나 정승권, 손정준 등 전문 산악인들이 운영하는 개인 실내인공암장과 노스페이스 문화센터나 오투월드처럼 등산용품 전문 업체에서 운영하는 클라이밍센터 등에서도 스포츠클라이밍을 배울 수 있다.

책으로 배우는 등산의 세계

아이와 함께하는 등산에 자신감을 가지고 싶다면 전문가들이 안내하는 등산입문서의 도움을 받을 수 있다. 김성기의 《똑똑한 등산》과 원종민의 《산에서 읽는 등산책》 등은 초보자들이 오랜 시간 현장에서 등산교육에 몸담아 온 지도자들의 실전 노하우들을 배울 수 있는 책이다.

등산 입문부터 고산 등반의 세계까지 더 전문적인 지식을 배울 수 있는 본격적인 등산 교과서로 코오롱등산학교 교장인 이용대의 《등산교실》과 세계적인 등산교과서로 불리는 《등산: 마운티니어링》 등이 있다. 야마코토 마사야시의 《똑똑한 등산이 내 몸을 살린다》와 국내 산악인 의사들이 지은 《등산이 내 몸을 망친다》 등은 전문의들이 소개하는 건강한 등산법에 대한 책이다.

아이에게 산에 대한 호기심을 불러일으키고 싶다면 동화작가 이상권의 《산에 가자》를 읽어주자. 아빠와 솔이가 함께 산을 오르는 과정을 아이의 대화 하듯 보여주는 4~6살용 그림책이다. 실존인물의 생애를 통해 등산의 세계를 들여다볼 수 있는 초등학교 저학년용 인물이야기 《박영석, 세계의 지붕이 된 산사나이》도 있다.

이 밖에 만화를 통해 등산과 야외 생활에 대한 해박한 지식을 배울 수 있는 《모험 도감》과 《산에서 살아남기》는 아이들이 좋아하는 책이다. 한편 등산을 소재로 한 동화 《시타델의 소년》과 《나의 산에서》는 어린이에게 산을 통해 만나게 되는 도전과 모험의 세계를 안내한다. 《시타델의 소년》은 미국 최초의 에베레스트 탐험대 일원이었던 작가 제임스 램지 울만이 자신의 경험을 바탕으로 시타델이라는 가상의 산에 도전하는 소년 루디의 이야기를 담고 있다. 진 C 조지의 소설 《나의 산에서》는 호기심 많은 소년이 산으로 가출해 혼자 힘으로 야생에 적응해가는 모험담이다.

청소년기 자녀를 둔 부모라면 아이와 함께 오랜 시간 백두대간을 걸으며 사춘기의 갈등과 고민에 대해 이해하게 되는 엄마들의 산행기를 권한다. 우리나라에서 최초로 백두대간 종주의 포문을 열었던 산악인 남난희가 아들과 단둘이서 걸은 《사랑해서 함께한 백두대간》과 소설가 김별아가 아들이 다니는 이우학교 학생들과 함께 한 《괜찮다, 우리는 꽃필 수 있다》가 남다르게 읽힐 것이다. 아빠가 사춘기 딸과 함께 전문 등반을 하며 산을 오른 제프리 노먼의 《딸 그리고 함께 오르는 산》이라는 책도 산악인들 사이에 고전으로 손꼽힌다.

등산을 소재로 한 이시지카 신이치의 《산》과 유메마쿠라 바쿠의 소설을 원작으로 한 다니구치 지로의 《신들의 봉우리》는 부모와 아이가 함께 볼 수 있는 감동적인 산악만화다. 웹툰 《PEAK》는 우리나라 산악구조대의 활약을 배경으로 하고 있어 보다 친근하게 읽힐 수 있다.

등산을 통해 인생의 새로운 지평을 열어 간 명사들의 이야기를 담은《산에 올라 세상을 읽다》와 삶의 지혜를 배우는 다양한 산서를 소개한《외롭거든 산으로 가라》도 도움이 될 것이다. 보다 높고 깊은 등산의 세계를 만나고 싶다면 원로 산악인 김영도의 칼럼집《우리는 산에 오르고 있는가》와《산에서 들려오는 소리》를 권한다.

• 부모를 위한 책

《등산 교실》이용대 지음/ 해냄

《등산상식사전》이용대 지음/ 해냄

《등산:마운티니어링》마운티니어스 지음/ 해냄

《똑똑한 등산》김성기 지음/ 하서

《산에서 읽는 등산책》원종민 지음 / 스마트비즈니스

《등산이 내 몸을 망친다》정덕환 외 지음/ 비타북스

《똑똑한 등산이 내 몸을 살린다》야마코토 마사야시 지음/ 마운틴북스

《사랑해서 함께한 백두대간》남난희 지음/ 수문

《괜찮다, 우리는 꽃 필 수 있다》김별아 지음/ 해냄

《산에 올라 세상을 읽다》김선미 지음/ 영림카디널

《외롭거든 산으로 가라》김선미 지음/ 해냄

《딸 그리고 함께 오르는 산》 제프리 노먼 지음/ 청미래

《엄마의 마지막 산 K2》 제임스 발라드 지음/ 눌와

《우리는 산에 오르고 있는가》 김영도 지음/ 수문

《산에서 들려오는 소리》 김영도 지음/ 이마운틴

• 아이와 함께 보는 책

《산에 가자》 이상권 지음/ 보림

《박영석, 세계의 지붕이 된 산사나이》 이영준 지음/ 스코프

《모험도감》 사토우치 아이, 마쓰오카 다스히데 지음/ 진선

《산에서 살아남기》 류기운, 문정후 지음/ 아이세움

《시타델의 소년》 제임스 렌지 울만 지음/ 양철북

《나의 산에서》 진 크레이크헤드 조지 지음/ 비룡소

《산》 이시지카 신이치 지음/ 학산문화사

《신들의 봉우리》 유메마쿠라 바쿠 원작, 다니구치 지로 지음/ 애니북스

단계별로 시작하는 가족 등산

1단계 임산부나 유아동반에 좋은 자락길부터

최근 등산 트레킹 인구가 늘면서 지자체마다 새로운 걷기 코스를 개발하는 것이 유행이 되었다. 도심 근교 산이나 국립공원에 조성된 자락길 또는 전국 자연휴양림에 조성된 숲길 걷기 코스 등에서 가족의 체력과 여건에 맞게 산책을 시작해본다.

특히 임산부나 거동이 불편한 장애인도 휠체어를 타고 이동할 수 있도록 나무 데크를 깔아놓은 무장애 숲길(장애물 없이 걷기 좋게 조성한 숲길)을 만들어 보행 약자에게도 등산 체험의 길이 열렸다. 어린 아기를 둔 부모라면 유모차를 끌고 이동할 수 있는 무장애 숲길을 이용해 첫 가족 등산을 시작할 수도 있다.

무장애 숲길을 만들어 놓은 대표적인 곳으로는 서울시 서대문구 안산 자락길이 있다. 안산 자락길은 2시간 30분 정도 걸리는 7.0km의 순환형 코스에 목재 데크로 연결된 숲길이 이어지는데, 인왕산과 북한산과 청와대 등을 한눈에 조망할 수 있는 전망대가 있다. 이 밖에도 강동구의 고덕산 자락길 15.3km 가운데 8.9km 구간, 동대문구 배봉산, 동작구 서달산, 종로구 인왕산, 양천구 신정산, 중랑구 용마산, 강서구 개화산, 구로구 매봉산, 노원구 불암산, 관악구 관악산 등에 있는 자락길에 1~2km 내외의 무장애 숲길이 조성돼 있다. 북한산 둘레길에도 성북구 정릉동 정릉초등학교 뒤편에 2.4km 자락길 중 640m 구간이 무장애 숲길이고, 부산 북구 구포동 범방산에도 구포 무장애 숲길 1.9km가 있다.

2단계 동네 뒷산 나들길과 둘레길에서부터 정상으로

등산은 산의 가장 높은 정상까지 가장 쉽고 빠르게 올라가는 길을 찾아 오르는 것에서 출발했다. 그러다 차츰 산을 찾는 사람들이 많아지면 정상을 향하는 길이 여러 갈래로 늘어나고, 아름다운 풍경을 감상하기 위해서는 힘들고 어렵더라도 멀리 에돌아가는 코스들도 생겨난다. 그러나 길든 짧든, 쉽든 어렵든 모든 산길은 정상으로 모인다. 이 때문에 좁은 산정에 한꺼번에 많은 사람이 모여들면서 등산로 정체 현상과 함께 산악환경이 파괴되자 새롭게 등장한 것이 나들길, 둘레길들이다. 나들길은 도심의 낮은 산에 3~4시간 정도 걸을 수 있게 산을 중심으로 만들어진 걷기 코스다. 둘레길은 말 그대로 큰 산의 언저리를 순환할 수 있도록 마을과 도로, 숲길 등을 하나로 연결한 트레킹 코스다.

지리산 둘레길을 시작으로 해서 북한산 둘레길이 만들어졌고, 전국의 유명산마다 둘레길이 새롭게 문을 열고 있다. 둘레길은 구간별로 코스가 나누어져 있기 때문에 체력에 따라 산행시간을 자유롭게 조절할 수 있다. 계속 산으로만 이어지는 것이 아니라 중간에 마을 길과 연결되기 때문에 화장실이나 편의시설을 이용하기도 편리하다. 군데군데

둘레길에서 정상으로 올라가는 등산로와도 연결되기 때문에 산행이 익숙해지면 더 높이 올라갈 수도 있다.

그러나 둘레길마다 구간별 난이도가 달라서 미리 가고자 하는 코스의 사전정보를 충분히 익힌 다음 산행 준비를 해야 한다. 가벼운 트레킹 코스라고 해도 기본적으로 산행을 중심으로 만들어진 등산로가 우선이기 때문에 무장애 숲길처럼 나무 데크가 계속 연결되어 있지 않다. 다만 어려운 구간에는 계단이나 다리, 난간 등을 설치해놓아 산행하는 데 큰 어려움은 없다. 일정한 간격으로 이정표가 설치되어 있고 갈림길마다 방향과 거리 표시가 되어 있으며 숲 사이로 난 길도 뚜렷하다. 하지만 눈과 비로 시야가 흐려지거나 해가 진 다음에는 길을 잃을 수 있으므로 주의해야 한다.

산 하나를 가족의 산으로 정한 다음 처음에는 둘레길 완주를 목표로 체력에 맞춰 구간별로 나누어 산행을 시작해보자. 둘레길을 따라 산을 한 바퀴 순환하는 동안 등산에 익숙해지면 다음에는 정상을 목표로 올라가 본다. 처음에는 쉽고 빠른 길로 올라갔다가 되돌아오는 원점회귀 산행에서 출발해 산의 주능선을 따라 가장 긴 코스로 종주에 도전한다. 똑같은 산이 늘 그 자리에 있지만 계절마다 시시각각 풍경이 변화하고 산을 오르는 동안 아이들이 성장하면서 매번 다른 감동을 만나게 될 것이다.

3단계 멀리 있는 산으로 1박 2일 산행까지

등산에 익숙해지면 아이들과 산에서 하룻밤을 묵는 1박 2일 산행에 도전해볼 수 있다. 전국의 산악국립공원 가운데 대피소를 운영하고 있는 곳은 지리산, 설악산, 덕유산 세 곳뿐이다. 모든 국립공원에서는 지정된 대피소와 야영장 이외의 장소에서 취사와 야영이 금지되어 있다. 대피소는 모두 높은 곳에 있으므로 아이들이 최소한 하루 5시간 이상 자기 힘으로 평소보다 무거운 짐을 지고 충분히 걸을 수 있다고 판단될 때 시도한다. 처음부터 무리해서 정상까지 올라가는 종주를 시도하기보다 대피소까지 올라가 산에서 하룻밤을 묵고 내려오는 것을 목표로 산행을 시작한 다음에 종주를 계획하면 안전하다.

대피소에서 보내는 하룻밤은 휴양림이나 콘도 객실처럼 사생활이 보장되는 개별 공간이 아니라 여럿이 함께 이용하는 공동숙소라는 점을 기억해야 한다. 원칙적으로 남녀가 사용하는 침상이 분리되어 있어 가족이 함께 묵을 수 없다. 대피소는 말 그대로 깊은 산속에서 추위와 비바람으로부터 잠시 몸을 피하는 곳이므로 따뜻하고 안락한 숙소를 기대하면 안 된다. 어른이나 어린이 모두 다른 등산객에게 피해를 주지 않도록 서로를 배려하고 예절을 지켜야하는 공간임을 기억해야 한다.

대피소는 국립공원관리공단 홈페이지를 통해 인터넷으로 사전 예약을 해야만 이용할 수 있다. 워낙 경쟁적으로 사람들이 몰리다보니 주말이나 성수기 대피소 예약은 하늘의 별 따기만큼 어렵다. 신청자 본인을 포함해 최대 4명까지 예약할 수 있고, 예약 취소나 변경이 생길 때 대기자로 등록된 순서대로 자동예약이 이루어진다. 2014년부터는 성수기(5월 1일~11월 30일)에 한해 선착순이 아닌 사전 예약자 가운데 추첨을 통해 선정하는 방식으로 바뀌었다.

모든 대피소는 5월~9월에는 저녁 6시, 그 외에는 동절기로 저녁 5시부터 입실할 수 있다. 입산시간지정제를 시행하는 산은 대피소까지 산행 가능한 시간이 지난 다음 출발할 경우, 예약을 한 사람도 등산로 입구에서 산행을 막고 있다.

대피소에서는 나무 침상에서 1인당 150~200cm 정도의 공간을 주고 잠을 자는 용도로만 사용할 수 있다. 담요를 유상으로 빌려주고 겨울에는 최소한의 난방을 하고 있다. 취사와 식사 모두 야외에서 이루어지고 화장실도 대피소에서 떨어진 자연발효식이다. 저녁 8시 이후에는 대피소의 모든 불을 끄기 때문에 그 이전에 식사와 잠자리 준비를 모두 마쳐야 한다. 밤중에 화장실을 이용할 경우에도 각자 개인 랜턴을 비추고 가야 한다.

대피소에서 사용하는 물은 각자 샘터에서 직접 길어오거나 매점에서 파는 생수를 이용해야 한다. 세수나 양치질, 설거지 등을 할 수 없으므로 몸을 씻을 물휴지 등을 준비한다. 모든 쓰레기를 다시 가지고 내려가야 해서 식사 준비에 필요한 재료들은 집에서 씻고 다듬어 가져오고, 쓰레기가 발생하지 않게 간편한 식단을 짠다.

대피소 매점에는 가스나 휴지, 라면 등 간단한 물품들을 판매하고 있지만 사람이 많이 몰릴 때는 물건이 동나기도 한다. 매점은 아침 7시부터 8시까지만 이용할 수 있고 대피소별 판매물품과 가격 등이 해당 국립공원 홈페이지에 게시되어 있다. 대피소에서 휴대전화 배터리 충전이 가능하지만 각자 충전기와 여벌 배터리를 따로 준비해야 한다.

가족 등산에 좋은 코스

서울 두드림길

서울시에는 자연 속에서 생태, 역사, 문화를 느끼고 배울 수 있는 걷기 좋은 숲길 코스를 서울둘레길, 한양도성길, 근교산 자락길, 생태문화길, 한강지천길 등으로 구분해 서울두드림길이라는 이름으로 시민들에게 상세하게 소개하고 있다. 이 가운데 무장애 숲길이 설치된 길은 고덕산, 매봉산, 배봉산, 북한산, 서달산, 신정산, 안산, 인왕산 등에 있는 자락길이다. 생태문화길 우수 코스에는 1~2시간 가벼운 산책을 할 수 있는 평지형 코스인 산책길과 3~4시간 정도 등산이 가능한 나들길이 있다. 서울의 내사산인 북악산~낙산~남산~인왕산을 잇는 한양도성길과 서울 외곽의 경계를 이루는 산줄기인 수락산~불암산, 용마산~아차산, 고덕산~일자산, 대모산~우면산, 관악산, 봉산~앵봉산, 북한

산을 잇는 서울둘레길도 가족 등산에 좋은 곳이다.

　서울 두드림길 홈페이지(http://gil.seoul.go.kr/walk)에서는 지역별, 지하철노선별로 각각의 걷기 코스를 초급, 중급, 고급별로 난이도를 구분해 검색할 수 있다. 각각의 코스에는 교통편과 거리, 소요시간 등이 지도와 함께 소개되어 있다.

• 서울 두드림길 가족 등산 추천 코스

구분	코스	위치, 거리, 소요시간	난이도
근교산 자락길 (무장애 숲길)	서달산 자락길	동작구, 0.5km, 20분	초급
	배봉산 자락길	동대문구, 0.79km, 30분	
	북한산 자락길	성북구, 1.2km, 40분	
	신정산 자락길	양천구, 4.6km, 2시간 30분	
	안산 자락길	서대문구, 6.2km, 2시간 30분	
	고덕산 자락길	강동구, 1.0km, 30분	
	인왕산 자락길	종로구, 2.5km, 60분	
한양도성길	4코스-낙산코스	종로구·중구, 4.64㎞, 1시간 10분	
	1코스-남산코스	중구, 5.4km, 2시간	
서울둘레길	3코스-고덕,일자산코스	강동구·송파구, 26.13㎞, 9시간 10분	
생태문화길	고덕산 산책길	강동구, 1.90km, 1시간 30분	
	북한산자락 산책길	성북구, 2.49km, 1시간 30분	
	우장산공원 산책길	강서구, 2.51km, 1시간 50분	

구분	코스	위치, 거리, 소요시간	난이도
생태문화길	정릉숲 산책길	성북구, 2.23km, 1시간 30분	초급
	청량산 산책길	성북구, 2.23km, 1시간	
	한남매봉공원산책길	용산구·중구, 1.88km, 1시간	
	홍릉수목원길	동대문구, 1.83km, 1시간	
	개운산 숲 나들길	성북구, 2.20km, 1시간 30분	
	독산 삼성산 나들길	관악구·금천구, 5.61km, 3시간	
	봉제산 숲 나들길	강서구, 2.61km, 1시간 30분	
	안산 숲 나들길	서대문구, 2.23km, 3시간	
	우이령 나들길	강북구·도봉구, 7.95km, 2시간 30분	
	청룡산 나들길	관악구·금천구, 5.87km, 1시간 50분	
	초안산 나들길	노원구, 4.59km, 1시간 30분	
근교산 자락길	매봉산 자락길	마포구, 2km, 1시간 30분	중급
생태문화길	개화산 나들길	강서구, 7.28km, 2시간 40분	
	관악산 계곡 나들길	관악구·금천구, 5.58km, 2시간	
	관악산 나들길	관악구·금천구, 6.99km, 3시간	
	구로 지양산 숲 나들길	구로구, 6.90km, 3시간	
	구룡산 나들길	강남구, 6.02km, 2시간 30분	
	남산 순환 나들길	중구·중랑구, 9.17km, 3시간	
	대모산 나들길	강남구, 4.80km, 3시간	

구분	코스	위치, 거리, 소요시간	난이도
생태문화길	독립공원안산나들길	서대문구, 3.80km, 2시간	중급
	동작효충길 1코스	동작구, 2.80km, 1시간 30분	
	동작효충길 2코스	동작구, 2.50Km, 1시간	
	백련산 나들길	서대문구, 5.09km, 3시간	
	북서울꿈의숲 나들길	강북구·도봉구, 4.71km, 2시간	
	북악하늘나들길	종로구, 2.79km, 2시간	
	북한산방학나들길	강북구·도봉구, 6.81km, 3시간 30분	
	불암산 나들길	노원구, 9.79km, 3시간	
	서울숲남산나들길	광진구·성동구, 8.82km, 3시간 30분	
	오패산 나들길	강북구·도봉구, 2.06km, 1시간	
	우면산 나들길	서초구, 3.86km, 2시간	
	인왕산 나들길	종로구, 3.54km, 1시간 30분	
	일자산 숲 나들길	강동구, 5.21km, 3시간	
	망우산 산책길	중랑구, 5.51km, 2시간 30분	
한양도성길	2코스 인왕산 코스	종로구·중구, 5.9km, 2시간 30분	
	3코스 백악(북악)산 코스	종로구, 4.92㎞, 2시간 15분	
서울둘레길	2코스 구릉~아차산 코스	광진구·노원구·중랑구, 16.8km, 8시간 30분	
	4코스 대모 구룡 우면산 코스	강남구·서초구, 16㎞, 7시간 30분	

구분	코스	위치, 거리, 소요시간	난이도
서울둘레길	5코스 관악 삼성산 코스	관악구·금천구, 13.5㎞, 6시간 30분	중급
	7코스 봉산 앵봉산 코스	마포구·은평구, 18.6km, 7시간 20분	
	8코스 북한산 수락산 코스	강북구·도봉구·성북구·은평구· 종로구, 23.9km, 14시간	
생태문화길	호암산 나들길	관악구·금천구, 3.95km, 3시간	고급
	탕춘대성 숲 나들길	서대문구, 13.04km, 4시간	
	용마산 나들길	중랑구, 4.02km, 2시간	
	아차산 숲 나들길	광진구·성동구, 2.78km, 3시간	
	수락산 나들길	노원구, 7.39km, 4시간 30분	
서울둘레길	1코스 수락 불암산 코스	노원구, 17.8km, 11시간	

* 위 표는 서울 두드림길 홈페이지에 소개된 걷기 좋은 길 가운데 등산 코스만 따로 모은 것이다. 코스의
난이도는 일반적인 예이므로 각자 가족 구성원의 상황에 맞추어야 한다.

다양한 체험프로그램이 있는 국립자연휴양림의 숲과 산

전국의 자연휴양림에서 개설된 자연탐방로는 어린 자녀와 함께 하는 숲길 체험과 가벼운 등산을 시작하는 데 최적의 장소다. 휴양림에 있는 숲속의 집과 야영 데크를 이용하면 깊은 산속에서 하룻밤을 묵으며 다양한 가족 체험활동도 손쉽게 접할 수 있다. 휴양림별로 숲 해설사가 함께 하는 꽃누르미, 나무곤충만들기, 생태미술, 솔방울만들기, 야생화 화분 만들기 등의 다양한 산림문화체험 프로그램이 열리고 있다. 경기도 양평의 중미산자연휴양림에서는 오리엔티어링 체험도 할 수 있다.

- **서울 경기** 운악산 · 유명산 · 중미산 · 산음 휴양림
- **강원도** 복주산 · 용화산 · 방태산 · 삼봉 · 용대 · 미천골 · 대관령 · 두타산 · 청태산 · 백운산 · 가리왕산 · 검봉산 휴양림
- **충남** 용현 · 오서산 · 희리산 해송 휴양림
- **충북** 황정산 · 속리산말티재 · 상당산성 휴양림
- **전북** 운장산 · 덕유산 · 회문산 휴양림
- **전남** 방장산 · 낙안민속 · 천관산 휴양림
- **경남** 지리산 · 신불산 폭포 · 남해편백 휴양림
- **경북** 대야산 · 청옥산 · 통고산 · 검마산 · 칠보산 · 운문산 휴양림
- **제주** 제주절물 · 서귀포 휴양림
- **국립자연휴양림관리소** http://www.huyang.go.kr

우리나라 대표 명산을 만나는 국립공원 등산

전국 21개 국립공원 가운데 태안해안국립공원을 제외한 북한산·설악산·오대산·치악산·월악산·소백산·속리산·계룡산·덕유산·주왕산·애장산·변산반도·무등산·월출산·지리산·한려해상(남해 금산)·다도해해상(여수 금오산 향일암)·한라산 국립공원 등 20곳의 산마다 다양한 난이도의 등산 코스가 있다. 산행 코스는 국립공원관리공단 홈페이지의 국립공원탐방 코너에서 해당 산별로 상세하게 안내되어 있다. 탐방 코스별로 산행 난이도를 구분해 놓았고, 대피소와 야영장 이용방법, 교통편 소개와 함께 등산안내지도도 다운로드 받을 수 있다.

국립공원은 봄철산불방지기간에는 통제구간이 있고, 계절별 안전사고 예보를 실시하며 호우나 대설특보 등의 기상상황에 따라 입산 금지 조치가 내려지기도 한다. 등산 계획을 세울 때 미리 해당 국립공원관리사무소로 직접 문의하면 산행에 필요한 여러 도움을 받을 수 있다.

• **국립공원관리공단** http://www.knps.or.kr

산에서 사고를 당했을 때

산에서 길을 잃었다면 우선 정확히 아는 지점까지 왔던 길을 되돌아가는 것이 가장 현명하다. 그런 다음 지도를 보고 내가 어디에 있는지를 알아내야 다시 방향을 찾아갈 수 있다. 그래서 평소 지형도에서 자기 위치를 찾는 법, 나침반으로 목표 지점을 찾는 법 등을 익혀 두어야 한다. 독도법을 익히기 전이라면 적어도 산행할 코스의 중요한 이정표가 되는 지형지물 정도는 미리 파악하고 있어야 한다.

대부분의 등산로에는 갈림길마다 목적지와 그곳까지 거리가 표시된 이정표가 세워져 있다. 이정표가 나올 때마다 사진을 찍어 두거나 의식적으로 기억해두면 그곳으로부터 얼마나 떨어져 왔는지 대략적인 위치를 파악할 수 있다. 예를 들면 북한산이라면 "금선사 갈림길에서 대남문 방향으로 아이와 함께 한 걸음으로 20여 분 정도 올라온 곳에 있다"는 식으로 현재 자기 위치를 설명할 수 있어야 한다.

국립공원의 경우 119 구조를 위한 조난신고용 위치표지판이 일정한 간격마다 세워져 있다. 표지판은 출발지점으로부터 순번이 매겨져 있으므로 산행 중 만날 때마다 아이들과 번호를 세어보며 유심히 살펴두는 것도 좋은 방법이다. 아이들이 산길을 걷는 동안 표지판 번호를 세면서 이동 거리를 가늠해 보게 하거나 고도계를 통해 자기가 올라온 높이를 측정해 보게 하면 산행의 지루함을 덜 수 있을 뿐 아니라 길을 잃었을 때도 도움이 된다.

구조신고는 생명이 위급한 경우, 자기 힘으로 움직일 수 없을 때 119를 이용한다. 우선 소리를 질러 주변 사람들의 도움을 청한다. 현재 경찰 산악구조대가 상주하는 곳은 안전사고가 잦은 북한산국립공원뿐이다. 구조신고를 해도 산악지형의 특성상 구조대가 도착할 때까지 시간이 걸리므로 응급처치를 하고 체온을 유지해주어야 한다. 만일 전화도 걸 수도 없이 고립된 상태로 산속에서 밤을 보내야 한다면 침착하게 발견될 때까지 살아남을 수단을 강구해야 한다.

평소 산행을 할 때 만일에 대비해 가까운 사람에게 산행계획(귀가예정시간과 장소, 산행코스, 동행인) 등을 자세히 알려두는 것이 좋다. 일본의 경우 모든 산마다 입산신고서를 작성하게 되어 있지만, 우리의 경우 스스로 주변에 알려 둘 필요가 있다.

제 힘으로 높은 산에 걸어 올라가서 우리가 정말 눈여겨보아야 할 것은,
바로 발 아래 펼쳐지는 자신의 그림자가 아닐까.

그 산을 정말
우리가 함께 올랐을까

우리집 식탁 옆에는 엄마 아빠의 유년부터 두 딸의 어린 시절까지를 모아놓은 사진 액자가 모자이크처럼 걸려 있다. 그중 아이들이 3살, 5살 무렵 함께 다녀온 산 정상에서 찍은 사진이 있다. 꽃샘추위에도 봄볕은 따가웠던 때 올라갔던 석모도의 낙가산 정상에서 어린 딸들이 바위 위에 비친 제 그림자를 바라보는 풍경이다.

산정에는 우리 가족 외에는 아무도 없었다. 눈앞으로는 물이 빠진 갯벌과 수평선까지 밀려나간 바다가 반짝이고 있었고, 머리 위에는 구름 한 점 없이 태양뿐이었다. 아이들은 거대한 바위 봉우리 위에 우뚝 서보니 유독 발밑에 드리운 자기 그림자가 낯설어 보인 모양이었다. 순간 신기하고 놀란 표정의 딸들을 카메라에 담은 것으로 내가 제일 좋아하는 사진이다.

나는 사진을 볼 때마다 종종 '첫 발견'이란 이야기를 했다. 일상에서

보던 것과는 사뭇 다른 자기 그림자를 보고 놀란 것이라고. 제 힘으로 높은 산에 걸어 올라가서 우리가 정말 눈여겨보아야 할 것은, 바로 발 아래 펼쳐지는 자신의 그림자가 아닐까. 절집 댓돌 위에 즐겨 써놓는 말 조고각하照顧脚下야 말로 등산의 참된 교훈이다. 우리는 늘 높은 곳을 향해 인생의 산을 오르고 있지만 중요한 것은 항상 발밑에 있기 때문 이다.

이 책의 원고를 마치고 홀가분한 마음으로 겨울방학이 끝나가는 딸 들에게 사진 속 그 자리에 다시 한 번 가보자고 졸랐다. 대학 2학년과 고등학교 3학년에 올라가는 바쁜 딸들이 흔쾌히 승낙을 해서, 강화도 에서 새우깡 봉지를 사들고서 15년 만에 다시 온 가족이 석모도행 배 에 올라탔다. 갈매기들은 예나지금이나 그대로 뱃전을 따라 무리지어 날면서 새우깡을 구걸하고 있었다. '새우깡 갈매기'를 바라보면서 문득 꿈꾸는 갈매기, 조나단 리빙스턴 시걸을 읽으며 가슴이 뛰던 학창시절 이 떠올랐다.

낙가산은 석모도에 있는 해명산과 상봉산 사이의 낮은 산으로 보문 사의 명물인 눈썹바위와 마애불까지 계단을 오르고 난 다음 정상에 오 를 수 있다. 마애불까지 이어진 계단까지는 묵묵히 따라 오르던 딸들 이 정상으로 향하는 가파른 산길에 접어들자 입이 비죽 나오기 시작했 다. 얼었던 땅이 봄볕에 녹아 질척여 밧줄을 잡고 오르는 데도 길이 몹 시 미끄러웠다. 가볍게 땀을 흘릴 정도의 짧은 산행이었는데도 힘에 부친 딸들이 툴툴거리기 시작했다. 전날 밤늦게까지 친구들을 만난 큰 아이나 수험생인 둘째 아이 모두 잠이 부족한 상태였다.

그보다 큰 이유는 엄마가 사진 속 그 장소에 다시 가자는 말에 고개를 끄덕였지만, 그곳이 산인 줄은 몰랐다는 것이다. 등산을 해야 한다는 걸 알았다면 처음부터 따라오지 않았을 것이라고도 했다. 딸들은 섬으로 가면서 갈매기에게 새우깡이나 던져 주고 경치 좋은 곳에 앉아 바다나 물끄러미 바라보는 편안한 여행을 기대했던 모양이다. 아빠는 이게 무슨 등산이냐며 가족 누구도 등산화를 신지 않았고 절에서 조금 더 걸어 올라왔을 뿐이라고 했다. 물론 우리 주변에는 등산복에 배낭을 메고 그곳까지 올라온 사람들도 있었다.

15년 만에 똑같은 산을 같은 사람들이 함께 올라왔는데도 이렇게 기대하는 것이 달랐다. 나는 산에 올라 다시 또 배웠다. 3살, 5살이던 딸들이 오르던 산과 18살, 20살이 되어 오른 산은 같아도 다른 산이었다.

딸들이 어린 시절 엄마 아빠와 함께 오르내린 수많은 산길을 지금 하나도 기억하고 있지 못해도 크게 서운하지 않다. 그때 함께 걸었던 시간들이 헛되이 허공으로 흩어져버렸다고 생각하진 않는다. 우리가 지난 날 아이들과 함께 산에 오르면서 바란 것은 멀리 보기 위해서는 제 힘으로 높이 올라가 보아야 한다는 사실을 온몸으로 느끼는 게 해 주고 싶었을 뿐이다.

허공에서 떨어지는 새우깡만 기다리며 살 것인가 스스로 자맥질 쳐

들어가 싱싱한 물고기를 잡을 줄 아는, 꿈꾸는 갈매기가 될 것인가. 이 질문은 아이에게가 아니라 여전히 부모가 먼저 스스로에게 되물어야 하는 것이라고 생각한다.

끝으로 인류 최초로 지구상에서 가장 높은 산에 올라갔던 사람의 이야기를 여기 옮긴다. 하루가 다르게 자라는 아이들과 나이 들어가는 부모 모두에게 희망과 용기를 주는 말이길 바라면서.

에베레스트, 너는 자라지 못한다.
하지만 나는 자랄 것이다.
그리고 반드시 다시 돌아올 것이다.

- 에드먼드 힐러리

2014년 봄. 북한산 탕춘대성 아래서

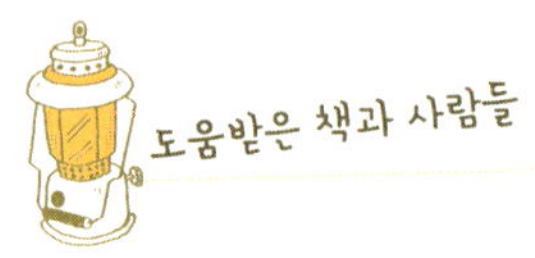

도움받은 책과 사람들

《등산: 마운티니어링》 마운티니어스, 스티븐 M. 콕스 외 1명 지음, 정광식 옮김 / 2010년 해냄

《등산교실》 이용대 지음 / 2006년 해냄

《똑똑한 등산이 내 몸을 살린다》 야마모토 마시요시 지음, 선우섭 옮김 / 2008년 마운틴북스

《등산이 내 몸을 만친다》 정덕환 안재용 윤현구 지음 / 2011년 비타북스

《똑똑한 등산》 김성기 지음 / 2013년 하서

《산은 내게 말한다》 라인홀트 메스너 지음, 강현주 옮김 / 2002년 예담

《걷기의 역사》 레베카 솔닛 지음, 김정아 옮김 / 2003년 민음사

《걷기의 철학》 크리스토프 라무르 지음, 고아침 옮김 / 2007년 개마고원

《걷기, 인간과 세상의 대화》 조지프 A 아마토 지음, 김승욱 옮김 / 2006년 작가정신

《교육통념깨기》 편집부 / 2010년 민들레

《속도에서 깊이로》 윌리엄 파워스 지음, 임현경 옮김 / 2011년 21세기북스

본문에 사진을 싣도록 허락해 준 전완근 선생님과 제자들 이치상, 한명희 부부와 우영·건영 형제, 정수정 씨와 장민기 군 그리고 부르더호프 공동체 원충연 씨와 김가온, 김라온 님께 감사드립니다.